林分的经营管理与疏密度样地测定

武耀成　著

中国林業出版社

图书在版编目(CIP)数据

林分的经营管理与疏密度样地测定/武耀成著. —北京:中国林业出版社，2011. 1
ISBN 978-7-5038-6099-7

Ⅰ. ①林… Ⅱ. ①武… Ⅲ. ①林分－经营管理－研究 ②林分密度－疏密度－林分测定 Ⅳ. ①S753. 3 ②S758. 5

中国版本图书馆 CIP 数据核字(2011)第 031877 号

出版：中国林业出版社（100009 北京西城区德内大街刘海胡同 7 号）
E-mail：forestbook@ 163. com 电话 010－83228427
网址：lycb. forestry. gov. cn
发行：中国林业出版社
印刷：北京北林印刷厂
版次：2011 年 1 月第 1 版
印次：2011 年 1 月第 1 次
开本：787mm × 1092mm 1/16
印张：7
字数：133 千字
印数：1 ~ 1000 册
定价：58. 00 元

前　言

随着国家天然林资源保护工程的实施及经营管理的重视，林分的经营管理也变得日益重要，而对林分的经营管理措施主要发生在中幼龄阶段的林分内。现有林地中的中幼龄林分多以人工营造林分为主，因此对人工林进行经营管理方面的研究就更具有代表性。

人工林抚育采伐设计、施工作业以及作业后的检查验收，是林地资源经营管理中的三大环节。以追求作业后林地保留木的干形通直、优良率(即：直不直)；保留木个体营养面积分配的均匀程度(即：匀不匀)；保留木个体植株在林地上的培育适宜程度(即：宜不宜)以及保留木的保留方式、地位特征与采伐木的综合比较、对林分质量的提高程度、林地生产力的提高程度(即：高不高)，简称为“十二字”主导因子。以这“十二字”要领贯穿于人工林经营管理的三大环节实施中，促使三大环节的实施过程、实施结果简便、明了、一致，以达到资源经营管理的高效。

经对林分经营管理方面的长期探索而知，林分疏密度测定应当是建立在林分内林木个体生长发育阶段对林地营养面积的追求占有程度之上。用“*C*”值表示林木直径与林木间距之关系。用一块代表性样地上各个林木的平均“*C*”值代表林分的疏密度，以此展开人们对林分疏密度测定样地的研究和应用，指导人们对林分进行科学的经营管理，经营收获林分生长发育过程中提供的林副产品。

本书是著者20多年来对林分经营管理方面的研究及实践总结，是一种新型的林分调查样地、调查方法的介绍及探讨，限于本人的理论及实践水平，书中难免有不当之处，拜请有关学者指正并致谢！

参加本书实践环节的人员有：中条山国有林管理局设计队程拴金、杨东卫、刘飞、陈中秋，祁家河林场杜小刚、武瑞琦等，在此一并致谢！

著　者

2010年10月

目　录

第一章　林分经营理念

在参加林业生产经营活动的实践中，从培育优良林分的角度，对林分及林分内林木个体在各类林地上的自然生长发育规律进行调查研究，就不难发现优良的林木必然有着优良的立地条件、适当的林木间距。容易得知：林木间距与林木胸径之间的关系是直接而密切的关系，如果我们把这一密切而直接的关系用一个“C”值的形式表示，就必然引发人们对林木之间的间距关系值“C”值的研究。也即林分疏密度的研究。

林分有天然林(天然次生林)、人工林之分，本章节首先从人工林经营管理的研究展开论述。

一、人工林的生长发育规律

随着社会的进步和经济的发展，人们需要建设优美的生态环境，营造了大面积的人工林分。但随着时间的推移，人工林中的林木个体在自然环境中不断地生长发育，同时又与自然环境中的植物种源形成林地的植物群落。群落中的个体均是依据其所占据的立地条件有着一定的生长发育规律。发生着种群之间、种群内个体之间的竞争生长。一些种群个体在任其自然地竞争生长中被优良的、生命力强的个体竞争掉所占据的营养面积而被淘汰，形成自然消失的对象，从而形成林分保留个体的生长发育，由个体组成群落林分的演替变化。

人工营造的乔木树种，在营造成功的林地群落中占主体，在林分郁闭的过程中首先淘汰部分低矮的灌木植物、草本植物，使林分的生态效益、经济效益、社会效益提高。

二、人工林抚育采伐的目的

人工林抚育采伐是人工林经营的主要措施之一，是依据林木生长发育规律，培育更有经济价值和生态效益的林分群落，把林分竞争生长过程中自然演替淘汰的枯死消失木提前一步，以活立木的形式采伐利用，从而获取较多的经济价值和社会效益。同时减轻林分内的个体竞争生长所形成的个体生长损失，达到林地上所保留的活立木获取更大的生长量及更大的林地效益。

三、目前在人工林抚育采伐中需要解决的问题

(一)采伐强度的定量要求

人工林抚育采伐地调查设计是抚育采伐作业施工的依据，但在设计调查中对林木个体分化比较明显的人工林分只是采用国家颁布的技术规程标准，确定一定的采伐株数、蓄积强度。可以说这只是定性的强度确定，要说是定量的确定，那么定量的程度仅只是就某一地理区域的小班而言，控制了株数、蓄积强度及抚育采伐地的蓄积消耗。我们知道，山地环境中的林分表现是变化多样的，那么，某一变样的林分团块就应有一个恰当而科学的株数及蓄积强度的确定，这在抚育采伐设计文件中需要明确，也是在实际的抚育采伐作业中需要执行的问题。

(二)确定采伐个体的可对照尺度

就某一特征团块的林分，设计确定了株数强度、蓄积强度，在技术规程上只是定性地确定了采伐对象。那么就不同径级、高度、质量等层次的个体组成的林分团块内，哪一种植物个体需要采伐，哪一种植物个体需要保留，在实际作业施工中有很大的盲目性和难以确定性。抚育作业往往受到林地管理松严程度、施工作业的难易及社会市场需求程度的影响，抚育作业效果出现偏左、偏右的波动性，在管理较松或市场需求较大时，往往受人的意识及谋求经济利润的影响，选择大的个体采伐，抚育采伐强度偏大，不应采伐的优良个体被采伐，造成林地生产力下降，林分质量下降，森林资源遭受破坏。而管理较严时，往往抚育采伐选择小的个体，抚育采伐强度偏小，应采伐的个体被保留，应实现的经济效益得不到实现，造成保留林木得不到生长需求的生长环境、营养空间，其生长力下降，培育林地的成本加大。这些都是因为在抚育采伐作业中没有确定一个直观的可供查比对照而确定采伐个体的尺度。

(三)实现采伐目的的主导因子

对人工林分进行科学而标准的抚育采伐作业及抚育采伐后的检查验收是确保森林资源安全，提高森林资源可持续利用能力的管理措施，就人工林抚育采伐的目的而言，检查验收的依据是设计文件，采伐作业后实现检查验收的目的因子应当是：

保留木的干形是否通直优良(即：直不直)；

保留木间距是否恰当科学(即：匀不匀)；

保留木的品质与采伐木比较是否更加优良(即：宜不宜)；

设计文件规定的林分是否得到了经营管理，林地生产力是否得到了提高(即：高不高)。

以上人工林抚育采伐后的查验因子(简称“十二字”要领)是解决林业技术规程、标准与实际生产相结合的关键所在，也是人工林抚育采伐设计、施工作业的主导因

子所在。

四、在人工林抚育采伐中应当确定的观念

对人工林的培育，林学家们进行了大量研究和探讨，从宏观的角度及林分经营管理的角度考虑，应当确定如下的观念：

(1)在人工林抚育采伐时，对林木的抚育采伐强度和林木蓄积采伐量的控制，是对人工林经营管理的数量控制，是设计环节的控制因子，而不是对人工林地经营的技术标准及提高林分质量而进行设计、施工、查验的主导因子。

(2)在郁闭的林分内，弯曲木、病虫木、被压木及不良植株的保存，是林分质量降低、林木蓄积负生长、林地生产力和林木经济价值低下的主要因素。在林地经营活动中，是首选的采伐对象。

(3)培育人工林为混交复层林是最理想的林地培育方向。因为林分内乔木间的树种混交形成的复层林，最易保持和发挥林地上的生物多样性，产生自然平衡的林内相生相助的环境条件。

(4)人工林分的培育采伐作业，不只是对郁闭乔木树种团块的经营管理，而应是林分内包含林间空地、林缘等在内进行全林抚育作业的经营管理，是提高林地生产力、形成整体效益的培育措施。

(5)在抚育采伐活动中，以满足林木个体生长发育需求的营养面积为基础选取较大的优良个体为保留木，是顺应林地群落主向演替、培育优良林分的主导措施。同时，林内更新的二代幼树，是种源适生、自然选择下具有更优良特性的植株个体，在抚育采伐作业时，也应以适生的立地营养面积重视保留、培育保留。

(6)林分在郁闭状态下的生长发育形成的每年淘汰林木个体，每年脱离林木个体的枝、叶、花、果等对经营者来说，应当视为林分向人们提供的像果树每年提供果实一样的产品。采取科学的抚育采伐方式经营管理就是对其收获，更是对林分的培育。

五、优良林分的培育

(1)以追求人工林地的生产力最大、林分抗逆性最强、经济效益、生态效益、社会效益最高的目标。必须是在对人工林分进行科学研究的基础上，弄清林分群落演替变化、林分个体的生长发育规律，制定出培育优良林分的技术规程。已有的研究成果确定的人工用材林抚育采伐的技术标准为：抚育采伐后人工林郁闭度不得低于0.6；伐后的林分平均胸径不低于伐前林分平均胸径；抚育采伐的蓄积强度要低于伐前林分蓄积量的20%。但在与实际生产作业结合上，就一块林分中的各个林木而言，究竟哪一株林木应采伐，哪一株林木应保留，现有的经营采伐方式有上层抚育法，

即伐除林分中影响多株林木生长的一株或多株“霸王木”；有下层抚育法，即在林内伐除克拉夫特林木分级法中的Ⅳ、Ⅴ级木；有综合抚育法，即采取“砍小留大，砍密留稀，砍劣留优”的原则进行抚育采伐。但就充分利用地表营养面积、追求单位面积生物量最大的角度来讲，需要探讨满足林木个体生长发育需求的营养面积及营养面积与林木个体胸径的直接关系。因为在人工林抚育采伐作业中，林木胸径是唯一可易掌握、可供查比来确定采伐个体的尺度。

(2)在已有的林分环境中，进行优良林分的培育，主要建立在优良林木的株体保留和适宜株体生长发育的营养空间两个方面。大量的研究成果表明：林分中的林木胸径与林木间距有密切而直接的关系，如果其关系以一定值的形式表示，那么以林分中优良个体胸径与其个体营养面积的直接关系值，确定林分中每两株林木之间的间距，则可促使林地上的林木个体均有一个优良的生活条件。

(3)当林木胸径与林木间距的关系确定之后，在人工林内抚育采伐时，对每一变样或每一特性的林分团块，首先选取优良的林木个体及虽不是优良个体，但有利于林内空间的充分利用或优良林分形成的林木个体为保留木。以保留木个体的胸径值确定林木之间的间距，合理而科学地选留优良木。合理而科学地采伐林分中的不良木及林木应保留间距之间多余的林木。当林分受立地条件及经营程度的影响形成较长时段竞争生长的过密林分，而以林木间距确定的林分采伐量偏离林分经营管理控制的蓄积消耗量、间伐强度等技术标准时，则可在抚育采伐设计调查中适当调整林木胸径与林木间距的关系值，这样还可提高林木在抚育采伐后抗雪折、风倒等自然灾害的能力。

六、培育优良林分的生产实践

(1)在森林资源管理中，为解决林分抚育采伐的设计、施工作业、检查验收三者之间的统一性，为合理而科学地确定林分中的保留木和采伐木个体，创造每个保留木个体都有一个优良的生活环境，达到全林经营，全林生产力提高的目标，我们对山西晋中、晋西北、晋南山地不同类型的油松、华北落叶松、华山松、侧柏、杨树、桦树、刺槐、栓皮栎人工林，经20多年的调查研究，计算总结出林分内优良林木个体之间的营养间距与林木个体胸径的关系式如下(简称林木间距定量式)：

$$\text{林分间距} = \frac{\text{相邻两林木胸径之和(cm)}}{\text{间距与胸径的关系值}} \times 100(\text{m})$$

即：

$$L = \frac{A + B}{C} \times 100(\text{m})$$

式中：L——相邻两径级保留木 A 和 B 的优良间距，单位为m；

A、B——代表两个保留木的胸高直径，单位为cm；

C——为林分内优良个体的营养间距与个体胸径的关系值。

(2)以林木间距定量式确定了林分内各个应保留林木个体之间的间距，则就确认为林分内营养面积对保留木个体达到均匀分布，那么在人工林抚育采伐设计、施工作业、检查验收三道环节中，均能一致地采用此标准，则人工林抚育采伐工作的可操作性增强，许多繁琐的工作就简单明了。

实际工作中，抚育采伐作业规程中规定的技术标准是设计中确定林木间距定量式中 C 关系值的控制标准。在设计调查中，依据采伐蓄积量、采伐蓄积强度的要求，可作适当调整。但在中条山国有林管理局多年的生产实践中，对经过 1 ~ 2 次定株抚育间伐的郁闭林分，C 关系值取常数为“8”，均能达到抚育采伐规程的要求，均有利于提高林木生长力。

(3)为提高林地的“三大效益”，在抚育采伐作业中，首先选取较大的优良木为首选保留木，再依据林木间距定量式确定相邻林木的间距。在确定过程中首先选取林地内的弯曲木、病虫木、枯死木等不良木进行标号采伐。

当两林木间距小于或基本等于定量间距时，以伐除两保留木之间的大树为主，当两保留木的间距大于定量间距时，说明两保留木之间的营养面积有利用剩余，需保留其间的小树、幼树。由此保证林地营养面积的分配均匀、充分利用。

对林木径级大于林分平均径级的林分团块，抚育间伐方式应选取林分上层抚育法。间伐林木以大于林分平均胸径的林木为主，这样即可促进林下更新，又可提高抚育间伐的经济收入，但主保留木的径级、优良性必须大于相邻间伐木(简称：大树团块伐大树)，但主保留木与四周相邻木之间的平均间距不能大于定量的间距。对小于林分平均径级的林木团块，抚育间伐方式采用下层抚育法，间伐个体以小于林分平均胸径的下层林木为主(简称：小树团块伐小树)，由此来保证保留木的优良性，保证林地生产力提高，也由此促使林地形成复层林，提高林地质量。

对以阔叶树为主的林分，尽可能选留针叶树，以针叶树为主的林分，应利用阔叶树种的萌蘖力、自然更新力，以科学的方式选留阔叶树种，促使形成针阔混交林，使林地的多样性增加，生态效益更大。

通过以上的抚育采伐作业方式，方可保证林地上林木干形通直优良，营养面积分配均匀科学。植株个体保留适宜合理，林分质量提高，林地生产力提高。那么在人工林抚育采伐后，对林地作业状况的检查验收可以“直不直，匀不匀，宜不宜，高不高”十二字要领指标来评定。即：保留木的干形优良率、保留木间距的均匀度、保留木选留的适宜率、林分质量及林地生产力的提高率，同理在设计文件的编制中也是以这“十二字”要领指标为依据。

七、林木间距定量值的研究

在已郁闭的林分内，林木的种群之间、林木之间不断地发生竞争生长，在竞争生长中，发生着适生性的群落演替变化。为确保林分的演替变化，即顺应林木的自然生长发育规律，又适应人们对林分经营管理的愿望，就要对林分进行有定量控制的抚育采伐。那么就需要研究林分的龄期、林木的分级、林木的高生长、林木直径与林木占据营养面积的关系值。

(一) 林分的龄期

林分的龄期依从于林木的龄期，从林木生理学、树冠形态的角度可将林分划分为中幼龄、近熟龄、成熟龄三个龄期。结合人们对林分的经营要求，我们认为林地上的林木在郁闭成林以后，具有明显的高生长或具有高生长潜力的林木为中龄林木，主要由中龄林木组成的林分为中幼龄林分。

在中幼龄林分内，由于林木不断的高生长，导致林木之间就必然发生着激烈的竞争生长。林木个体之间的竞争力又是由其所占据的营养面积和其本身的生理、生态特性所决定的。也就是说，林分内适生的林木在生长发育中达到一定径阶时，就竞争获得有一定的营养面积。

当一定径阶的林木个体在林分中竞争的营养面积达到一定程度时，林木的高生长及高生长潜力受立地条件的影响，逐步出现减弱、消退、停止。当林木的高生长停止时，即可确定林木达到立地条件下的生理近熟期，那么它所占据的营养面积为其生存的基本要求，在这一基本需求的平稳保持中，林木的直径在平稳生长中加粗，树冠的形体由三角形向圆柱形再向伞形的方向平稳发展。当林木的高生长停止后的营养面积大于这一基本需求时，树冠下就会出现自然更新及草、灌丛的生存；当小于这一基本需求时，树冠的形体变化在受相邻较大树木的挤压下树冠变小、变形，直径生长将变弱、消退；自身的生长力就逐步转移给相邻的林木及生命力较强的更新幼树。

我们可以这样定性地确定，高生长停止时的林木为近熟木，那么林分中的平均木或大部分林木均近熟时，林分即进入近熟龄期；林分中的平均木或大部分林木的树冠形体为伞形时，可以确定林分进入成熟龄期。

林分在近熟之前的中幼林阶段，在自然状态下，林木之间、林木种群之间发生复杂的演替变化，人们对林分的经营管理、抚育采伐活动就集中在这一龄期阶段。

(二) 林木的分级

林木分级是林分进行抚育采伐的依据，从定性的角度来分析，在中幼龄林分内，以培养混交复层林的经营目的，可将林木分为优良木、有益木、有害木三级。

优良木：树冠发育正常，干形优良、高生长旺盛、为林地培养大径材的对象。

有益木：能促进优良木自然整枝、遮蔽林地、干形优良、具有明显的高生长及高生长潜力的中等或中等偏下的主要树种或伴生树种林木。为林分经营过程中的阶段性保留木。也是林地经营过程中经济受益木。

有害木：林地上的濒死木、枯死木、病虫害木、干形弯曲等不良木是林地上首先消除采伐的对象。其次是即与优良木发生竞争生长又妨碍有益木生长发育的林木，也是消除采伐的对象。在中幼龄林分的抚育采伐中，如果一株较大的林木被采伐，即有利于相邻优良木的生长发育，又使径级较小的受其抑制而干形优良的一至多株有益木的生长潜力得以发挥，促使林地上的林木以径级占有较均等的营养面积，那么这株较大的林木就是有害木，是应当被抚育采伐的对象。

(三)林木间距定量值(“C”值)的确定

从前面的讨论而知，林地经营者对林分的抚育式采伐管理主要发生在林分生长发育的中幼龄阶段。在中幼龄期的林分，林木的胸径与林木占据的营养面积是直接而规律的关系。即“C”值：

$$C = \frac{A + B(\mathrm{cm})}{L(\mathrm{m})} \times 100$$

林分中的各个林木在自然条件下的生长发育过程中，“C”值所反应的是一定径阶的林木对所需求空间的大小。立地等级对林分，“C”值的影响不明显，但林分的人为经营管理过程不同，对“C”值的大小产生一定的影响变化，变化的原因来自于林分中林木竞争生长程度，表现在林木之间的自然整枝高度的变化。

在林分调查中，影响林分内各个林木生长发育的因素是多方面的，但反应在林木之间的“C”值均有一定的规律性。当林分的疏密度大时，“C”值较大，疏密度小时，“C”值较小。特别对各个林木来说，枝体健壮，自然整枝高度比趋近相同时，“C”值趋近相同，不论径级大小，树种何异，类似情况的“C”值也基本相同。

由此产生两个理念：

(1)从培育林分的角度分析，林分内一株林木基本受四个方向的林木或林地条件的影响。由四个方向最相关的因素产生四个间距“C”值，它们的平均值就反映了这一株林木在林分内的占据情况、生长发育前景、竞争发育能力。即为一株林木的“C”值。

(2)由一定面积内的各个林木的“C”值，代表林分的生长发育状况、经营者对林分的经营状况。那么，一定面积中各个林木的“C”值平均数，即可表示为林分“C”值。

故在郁闭中幼龄期的林分抚育采伐设计调查中，我们选取有代表性的林分地块，测设长度一定的长条形样带，以带中主测木之间及与左、右相邻木的间距，测定各个林木之间的“C”值，统计为所代表林分平均“C”值，选取相邻两林木相对方向自然整枝高度在1/3 ~ 1/2树高之间的林木间距测定“C”值，即为林分中幼龄期理想经营间距定量“C”值。以林分平均“C”值与定量“C”值比较可推断林分的疏密程度，决定林分的可抚育采伐强度。

在中条山国有林管理局的实践中，对油松、华山松、栓皮栎、刺槐等乔木中幼龄林分的定量“C”值，测定如下：

对有过1～2次抚育采伐活动的乔木林分，一般需要进行抚育采伐时的林分平均C值多大于“10”。选取多组自然整枝高度在1/3～1/2树高的相邻两林木测量其间距和胸径，得其“C”值，这类林分的“C”值多趋近于“8”为常数。

林木间距定量式：

$$L=\frac{A+B}{C}\times 100(\mathrm{m})=\frac{A+B}{8}\times 100(\mathrm{m})$$

对长期没有进行过抚育采伐活动，林分中的林木稠密，自然分化竞争程度较大，林木的自然整枝高度大于1/2树高，林分调查时的平均“C”值多大于“12”。有的特殊林分可高达20。但选取多组自然整枝高度在近1/2树高的相邻两林木，测量其间距和胸径，得其“C”值。这类林分的“C”值多趋近于“10”为常数。

林木间距定量式：

$$L=\frac{A+B}{C}\times 100(\mathrm{m})=\frac{A+B}{10}\times 100(\mathrm{m})$$

对一块林地来说，不同程度的稠密林分团块是多存的，同时，林分中的优良木、有益木、有害木在林分内的占据位是自然形成的。在林分经营采伐的过程中，有害木的采伐与有益木之间有位移替代之可能(第二章详述)，所以在林分的经营过程中，对林木间距的定量“C值”就有了一个“8～10”的定量区间范围。当林分经营中的“C值”小于8时，说明采伐强度过大，当大于10时，说明抚育采伐强度偏小。

在林分进行抚育采伐设计、施工过程中就可以确定，以C值：8～10区间范围确定的保留木之间距为标准间距。

如此，既能提高林地生产力、林木生长量、林分抗风倒、雪折等自然灾害的能力，又能遵从抚育采伐规程的要求，恰当地标定经营程度。

第二章　林分疏密度的样地测定

在林地的经营活动中，需要对林地上的林分因子进行调查，了解林分状况，需要依据林业技术标准对林分的经营活动的程度给以标定，标定的方式有多种。现有的调查方法主要是进行单位面积上蓄积量的调查，同时进行平均树高、径级的确定，有方形、矩形样地调查法，角规样地调查法。但就对调查研究的林分而言，如何以量化的指标确定某一林分地块需要进行抚育采伐作业，又以量化的指标值设计抚育采伐量，又执行该指标值于抚育采伐施工作业中；同时要以该指标值进行林分抚育采伐作业质量的检查验收，我们进行了多年的实践探索。为了更准确而科学地标定，可以运用林木间距定量值“*C* 值”的测定原理，设计了一种新的样地调查方法——长条形样地调查法(也可称林分疏密度调查法)。

一、样地的选设与样木检测

在对林地踏查的基础上，在林地内选择有代表性的地段任意选择一株林分优良木为起点，沿等高线方向或顺坡方向(或其他方向)拉一条50m(或更大长度)的直线，确定为样地线，把在样地线及临近样地线分布的林木确定为主测木，则主测木就是沿样地线方向、以一定间距相连的一行林木。每个主测木两侧左右对应相邻的林木为样地相邻木。主测木和左右相邻木统称为长条形样地样木。样木的检测，是逐株测量主测木之间及主测木与相邻木之间的间距，以及各自的胸径、树高、优劣等级。

对应与主测木的相邻木，其间距是最小的。对于相邻木来说，可能有2～3株主测木与其对应，但只有一株主测木与其间距最小，则就与其主测木对应检测登记。

当主测木一侧的相邻木为多株同根或同距时，只对应检测一株较大而生长健壮的相邻木，也可以说对主测木产生竞争或环境纷争影响最大的一株。其余对应于该主测木来说，不作考虑。每棵相邻木只进行一次检测。

当主测木为两株或多株同根时，从地面无法进行间距测定，则以样地线的方向从胸高处树干位置进行区分，顺样地线方向的树干以主测木分株检测。间距以胸高处间距为准。其余则按对应主测木的相邻木进行检测。

当主测木与一侧相邻木间距较大时，其空间目估可有一株林木之位，则对应于主测木的相邻方向位登记为零。其间距“*C* 值”将在设计的林木检测登记表中可记为“8”，说明主测木在这一对应方位营养面积得以满足，也说明样地内有未占有的林木空间存在。

当主测木一侧有相邻木，但就其间距最小的原则已为上、下主测木对应检测，其本身出现对应空缺，这是由营养空间的位移积累形成的，可将对应的相邻木空缺，登记为零。说明对该主测木主要产生竞争营养面积影响的不是左右相邻木，而是上下主测木之间。

当样地线主测木间距较大，林中为较大空地，主测木的前相邻方向位登记为零，相隔空间重新起始的主测木的后相邻方向位也登记为零。其间距 C 值同样登记为 8。

当样地线上临近无林木，但一侧或两侧有树，且距样地线的间距在相邻木距样地线的平均间距范围内(或顺样地线上仅可有一株平均径级以下的林木之位)，则把离样地线最近的一侧相邻木作为主测木连续检测。当样地线上有林木时，再回归检测，检测方法同上(可称这种方式为主测木位移)。

当样地线上或临近出现单株孤立木时，则前、后、左、右相邻木位均将在设计的样地林木检测表中登记为零。

顺样地线第一株主测木(起测木)的后相邻木为界外木，要进行间距、胸径检测。最末一株主测木的前相邻木同样是界外木，也要进行间距、胸径检测，所有主测木均有前、后、左、右四个相邻木检测登记。

二、长条形样地调查表的设计

(一)表格的设计

长条形样地起点确定后，就需要沿样地线的方向进行样木的逐株检测。检测结果及调查样地的基本情况要进行如下表格登记。

如在中条山国有林管理局石门林场进行的一块样地调查：

表 1《样地林木检测表》

登记样地主测木、相邻木之间的各林木间距及各自的树高、胸径以及样地内的不良木。

表 2《样地情况确定表》

在表 1 完成的基础上进行现地确定及计算确定。

(二)样地调查工作顺序

(1)在代表林分类型的地块确定后，选择起测优良木，拉设样地线。

(2)以样地线上及临近样地线的林木为主测木，检测每株主测木之间及主测木与左右对应相邻木之间的株间距，以及主测木、左右对应相邻木的各自胸径，分别登记在表 1《样地林木检测表》内，同时将调查木的不良木(弯曲木、无头木、病虫木、濒死木)在表 1 进行对列登记。

表 1　样地林木检测表

石门林场 后交伐区　8　林班　4〈1〉小班　　样地号　1　　单位：cm、m

序号	主测木	后相邻木			前相邻木			左相邻木			右相邻木			主测木平均 C 值	采伐木	不良木
	D	*d*	*L*	*C*	*d*	*L*	*C*	*d*	*L*	*C*	*d*	*L*	*C*		*d*	
1	14	17	5.2	6.0	20	2.2	15.5	16	3.2	9.4	19	3.0	11.0	10.4		
2	20	14	2.2	15.5	22	4.5	9.3	14	2.8	12.1	14	3.2	10.6	11.9		1
3	22	20	4.5	9.3	22	4.9	9.0	24	3.8	12.1	19	5.5	7.5	9.5		1
4	22	22	4.9	9.0	16	3.2	11.9	24	4.4	10.5	0		8.0	9.8		
5	16	22	3.2	11.9	19	3.4	10.3	0		8.0	17	4.6	7.2	9.3		
6	19	16	3.4	10.3	18	4.1	9.0	19	6.6	5.8	16	3.6	9.7	8.7		
7	18	19	4.1	9.0	21	2.7	14.4	0		8.0	0		8.0	9.9		
8	21	18	2.7	14.4	0		8.0	17	3.5	10.9	6	3.0	9.0	10.6		1
9	21	0		8.0	16	2.0	18.5	18	3.1	12.6	19	4.0	10.0	12.3		
10	16	21	2	18.5	25	4.0	10.3	6	2.2	10.0	16	3.8	8.4	11.8		1
11	25	16	4	10.3	21	4.3	10.7	19	3.4	12.9	14	4.0	9.8	10.9		
12	21	25	4.3	10.7	14	2.0	17.5	15	2.3	15.7	0		8.0	13.0		
13	14	21	2	17.5	22	3.0	12.0	20	4.0	8.5	17	2.8	11.1	12.3		1
14	22	14	3	12.0	19	4.1	10.0	20	5.1	8.2	9	4.0	7.8	9.5		1
15	19	22	4.1	10.0	16	3.0	11.7	0		8.0	18	4.4	8.4	9.5		
Σ									3.70			3.83		10.6		6
径阶	6	10	12	14	16	18	20	22	24	26						
树高	8.0	8.0	9.0	9.0	9.0	10.0	10.0	10.0	10.0	10.0						

样地数值

样地长：50m　平均宽度：7.53m　样地面积：0.56 亩　调查林木株数：39 株　确定样木株数：27 株
样地平均胸径：18.1cm　树高：9.0m　*C* 值：10.6　样地蓄积：3.5504m^3
样地主测木株数：15 株　不良木株数：6 株　标准 *C* 值株数：7 株
主测木蓄积：2.2141m^3　左相邻木蓄积：1.5332 m^3　右相邻木蓄积：1.1394 m^3

表 2 样地情况确定表

<table>
<tr><td rowspan="4">立地因子</td><td>林场：石门林场</td><td>林班：8</td><td>小班：4(1)</td><td>样地数：1</td></tr>
<tr><td>小班面积：150 亩</td><td>林分起源：人工</td><td>林龄：35 年</td><td>林分高：9.0m</td></tr>
<tr><td>样地设置：顺坡向</td><td>坡位：上</td><td>坡度：15°</td><td>海拔：1000m</td></tr>
<tr><td>地貌：低山</td><td>树种组成：10 油</td><td>坡向：西</td><td>水土条件：较好</td></tr>
<tr><td>林分因子</td><td colspan="4">本调查地类标准 C 值区间为 8 ~ 10
1. 调查林木株数39 株，林木平均胸径18.1cm，其中优良木33 株。
2. 确定样木株数27 株，样地内样木蓄积 3.5504m³。
3. 样地主测木15 株，样地平均 C 值：10.6，标准 C 值木 7 株。</td></tr>
<tr><td>调查结果</td><td colspan="4">1. 本调查地类面积____ 亩，调查样带：长50m，计算确定样带宽7.53m，样地面积 376.5m²。该样木容纳样木27 株
2. 样木优良率84.6%，均匀度46.7%。
3. 评定：
样地所代表的林分 C 值为 10.6，超出标准 C 值(8 ~ 10)的范围，且团块分布不匀。故该林地中林分需要进行抚育采伐。</td></tr>
</table>

调查人员： 调查日期：

(3)根据样地林木的检测径级，测定各径级林木的树高在表 1 登记。

(4)在样地林木检测完成表 1 登记后，进行表 2《样地情况确定表》的立地因子现地登记。

(5)表 2 样地林分因子栏内的数据是通过对表 1 中的调查数字统计计算后进行填写。

(6)表 2 样地调查结果栏的内容是依据技术规定对样地林分因子栏的数据及表 1 中林木分布状况分析、比较确定。

(三)样地调查表数字的计算及说明

(1)表 1《样地林木检测表》中数值确定。

$$\text{样地调查林木株数} = \text{主测木株数} + \text{左右相邻木株数之和}$$
$$= 15 + 12 + 12 = 39(\text{株})$$

$$\text{两样木间距 } C \text{ 值} = \frac{\text{主测木胸径}(D) + \text{相邻木胸径}(d)}{\text{相邻间距}(L)}$$

$$\text{如：样地起测木与后相邻木间距 } C \text{ 值} = \frac{14 + 17}{5.2} = 6.0$$

$$\text{主测木平均 } C \text{ 值} = \frac{\text{主测木与四个方位相邻木 } C \text{ 值之和}}{4}$$

如：样地起测木 C 值 $=\frac{6.0+15.5+9.4+11}{4}=10.4$

样地带宽 = 主测木分别与左右相邻木平均间距之和

$=3.70+3.83=7.53(\mathrm{m})$

样地面积 = 样地带宽 × 样地长度

$=7.53\times50=376.5(\mathrm{m}^2)$

从样地的面积确定而知，样地内样木株数并不等于样地调查林木株数，在以主测木为主的样地调查中，与主测木左右相应的相邻检测林木，各自在林分中占据的营养面积，只有1/2在设定的样地面积之内。故其左右相邻检测林木的总数1/2可计为样木。同理，左右相邻检测林木的蓄积总量的1/2为左右相邻样木蓄积。

样地样木株数 = 主测木株数 + $\frac{1}{2}$(左右相邻木株数之和)

$=15+\frac{1}{2}(12+12)=27$(株)

样地林木蓄积 = 主测木蓄积 + $\frac{1}{2}$(左右相邻木蓄积之和)

$=$ 主 $M+\frac{1}{2}$(左 M + 右 M)

$=2.2141+\frac{1}{2}(1.5332+1.1394)=3.5504(\mathrm{m}^3)$

(2)表2《样地情况确定表》中的数值确定。

样地林木优良率 $=1-\frac{\text{不良木株数}}{\text{调查林木株数}}\times100\%$

$=1-\frac{6}{39}\times100\%=84.6\%$

样地林木均匀度 $=\frac{\text{在标准 } C \text{ 值}(8\sim10)\text{范围内的主测木 } C \text{ 值株数}}{\text{主测木总株数}}\times100\%$

$=\frac{7}{15}\times100\%=46.7\%$

评定：以样地 C 值与标准 C 值(8～10)范围比较，对所代表林分进行评定。

(四)样地调查表的分析

从表1《样地林木检测表》登记的数字来看，长条形样地有如下优点：

(1)表中胸径登记栏中，零值的出现，反应的是与主测木对应的方位是林中空间，零值的多少，反应林木空间的多少。也可推测空间的大小。

表中胸径的大小在表中的排列，以及对应相邻木的间距数值排列，可反映林地内的林木分化程度、疏密程度及更新状况。

(2)样地内林木的分布状况及林木团块内不同径阶的林木排列可在表一数据中反

映，起到林木分布图的作用。

(3)表1中的主测木 C 值，反应的是林木分布的均匀程度，样地 C 值，反应的是林分整体的疏密度。对主测木来说，当 C 值在标准（8～10）范围内时，说明其林木间距合理，其营养面积能够满足其林木生长发育的要求，当大于10时，说明林木营养间距偏小，当小于8时，说明林木间距偏大。

(4)通过以样地线为中轴的林木间距测定的样地宽度，从而求得样地面积，反映的是较准确的样木对样地的占据。以此来推测整体林地类型更具有代表性。

三、样地的设计原理与定义

在具有代表林地类型的地块内，检测一定程度的两行林木。无论在人工林内，还是在自然形成的天然林分内，林木的分布虽成行或不成行，林木的径阶不同，间距在林木的自然生长发育过程中不尽相同，但一定径级的林木生长需求的营养间距是趋于相同、是规则的。那么，我们在林分地块内(具有代表性的地块)任意拉一条一定长度的直线，把这条直线确定为样地线。把样地线上和临近样地线的林木视为一行林木，定为样地主测木，把与各个主测木左右对应相邻的林木，定为两行相邻木，检测主测木之间营养间距及各主测木与左右对应相邻木之间的营养间距，每株主测木均有四个方位的间距检测值，对于左右相邻木来说，只有一个间距检测值。把主测木与左右相邻木的两行各林木的平均营养间距值之和定为样地测量宽度，两行相邻木的株数，平均为一行样地株数，则检测样地的样木株数就为主测木与左右相邻木平均数的和。同理，样地蓄积也是如此。那么，样地的调查是对林分中两行林木样段的调查。

调查时，首选一株林分优良木为起测木(主测木的第一株)，沿可代表林分类型的方向拉设样地，那么测定的数字是以代表林分的自然生存状况或经营措施下的生存状况。因为以一株优良木为中心的一块林分，是该林分面积中各个林木(或植物)生长发育的集合，以一个中心沿一个方向测设样地，是机械或随机的布设，样地的落点又是随机的、任意的，其中间必然穿越几个甚至多个不同林木分布的集合区。那么这样测设的两行林木样段所代表的就是林分的当前生存状况。又以“C”值的大小指示林分的疏密程度。那么，由上述可见，在代表林分类型的样地中选取一株优良木为起测木，在野外工作时，可直接目测确定。具有简便性和可操作性，更具有代表性和显示对林分培育的目的和方向性。就长条形样地的实质而言，是对林分疏密度的研究和测定，长条形样地调查，就是林分疏密度调查，加之调查因素的设定，对林分进行调查设计以及施工作业后的检查验收就可以规则的林木营养面积需求值或者说疏密度界定值——“C”值进行人为促进、评定。

四、样地调查设计与常用数值标准

(一) 样地调查时的数值

样地设置长度：50m。

起测木径级：大于林分平均木径级的优良木。

样地代表面积标准：3 ~ 5hm^2。

林木径阶：四舍五入记整数，单位为 cm，如：6.7 记 7，6.4 记 6cm。

林木间距：保留 1 位小数，单位为 m，如：3.2，4.0，5.5 m。

林木高：保留 1 位小数，单位为 m，如：7.0，7.5，8.0m。

(二) 内业表格整理数值

样地面积：保留 1 位小数，单位用 m^2。如：376.5 m^2。

林木间距（*L*）：现地测定保留 1 位小数，如：5.1，3.0，4.7m。

林木间距平均值(*L*)及样地宽度：保留两位小数。如：3.10，2.69m。

样木平均直径(*D*)：保留 1 位小数，记 13.1，15.8，14.0cm。

相邻木平均株数：四舍五入记整数。记 10，28 株。

林木蓄积(*M*)：保留 4 位小数，单位为 m^3。如 1.0045 m^3。

样地、样木 *C* 值：保留 1 位小数，记 8.0，9.3，10.6。

(三) 评定林木间距及林分疏密度的 *C* 值标准

在山西晋南中条林区乔木林分(其他区域均可参照测定方法确定)

林分标准 *C* 值：8 ~ 10。

C 值小于 8，说明林分稀疏，林木营养间距偏大；

C 值大于 10，说明林分过密，林木营养间距偏小。

五、样地在林业调查设计中的应用

以样地调查某一地段的林分 *C* 值大于标准 *C* 值范围时，则可确定该地段的林分需要进行抚育采伐方式的经营活动。在抚育采伐活动之前必须依据《森林抚育采伐技术规程》进行林地的调查设计工作。

(一) 样地的选设

依据前述样地的选设方法选设样地。样地线的长度(即样地长度)可依据林地情况以及经营要求的精度而定。一般样地线长度以 50m 为宜。一个经营规划小班需设两块以上长条形样地(实践经验：一个样地的宜代表面积为 3 ~ 5hm^2)。

(二) 样地林木因子的检测方法(同前述)

(三) 样地木的确定

依据长条形样地的选设方法，在林地的抚育采伐调查设计中，样地木主要分为主测木、相邻木、采伐木三类，样地检测的主测木及与其对应的相邻木通称为样地保留木。

(1)样地主测木的确定。在林地内选取一株作为样地起点的优良健康木，拉设样地线，则该株林木即是样地主测木的起测木，其后沿样地线拉设方向，依据林木间距定量 C 值，确定第二株主测木。当两株主测木之间的间距 C 值在标准范围内，那么第二主测木就被确定。则第一、第二主测木之间林木就是宜伐木。依此类推进行样地线上及临近样地线的各主测木确定。

(2)样地相邻木的确定。相邻木主要是指对应于各主测木左右相邻的林木。同样是依据被确定主测木的胸径和对应左右相邻木的胸径。用林木间距定量 C 值确定宜保留的相邻木。当被确定的相邻木与对应的主测木之间有林木，也即是宜伐木。

(3)采伐木的确定。在以林木间距定量式确定前两种林木的过程中，同时确定的宜采伐木，并非采伐木。因为被确定为采伐对象的林木，无论是在主测木之间，还是主测木和其对应的相邻木之间，都首先是伐去病虫木、濒死木、弯曲木、无头木等不良木，其次才是生长过密或不宜保留的林木。当这些不良木(特别是病虫木及濒死木)占据宜保留的间距之位时，可先确定采伐，然后以健康优良的不恰当间距之位林木替换，确定保留替换后以被确定的保留木为新起点，再向下按间距定量式推移确定保留木，也同理确定采伐木。由此就出现部分林地保留木间距的方位对不恰当，抚育采伐后的部分保留木方位对 C 值出现小于 8 或大于 10 的现象。但由此消减了林地上的负林木生长，保证林分质量和林地生产力的提高。

(四)样地调查设计

在样地的调查设计中，必须遵守国家林业局颁发的《森林抚育采伐技术标准》中规定的蓄积强度小于20%，株数采伐强度小于30%的技术要求。必须对林地现状进行认真的踏查了解，确定林分的 C 值设计标准，确定采伐木。

进行调查设计的林分或林分团块，若以往进行过 1～2 次抚育采伐作业，现调查时林分 C 值大于 10，林分内大部分林木枝下高在树高的 1/2 左右，则对林分调查设计、确定保留木的 C 值标准可以 8 为主进行设计，确定保留木之间的营养间距，选择确定采伐木。设计采伐后的林分中的大部分林木间距 C 值应控制在 7.5～10 范围内。如果说一株林木的平均 C 值在 7.5～10 范围内，评定这株林木在林分中的占据空间是均匀的，那么按设计施工采伐后的林木均匀度要提高 25%～30% 以上。

进行调查设计的林分或林分团块，若以往没有进行过抚育采伐作业，现调查设计时的林木分化十分明显，大部分林木 C 值大于 12，林分内大部分林木的枝下高大于树高的 2/3，则对林分设计要考虑抚育采伐后林木的抗风倒、抗雪折能力，确定保留木的 C 值标准可以 10 为主，确定保留木之间的营养间距，选择确定采伐木。按设计采伐后的林分中的大部分林木间距 C 值应控制在 8～12 范围内，那么 C 值控制在

8～12 范围的林木均匀度要提高 25%～30% 以上。

样地的调查设计在长条形样地的应用中，就实质而言，就是现地确定 C 值标准，现地确定采伐木。

（五）调查设计用表的设计

（1）表格的设计。以采用长条形样地的检测数据记载统计要求及设计的内容需要填写如下表格：

附表 1《林分抚育采伐作业设计样地林木检测表》

附表 2《林分抚育采伐作业设计样地情况确定表》

附表 3《林分抚育采伐作业设计样地造材登记表》

附表 4《林分抚育采伐作业设计一览表》

附表 5（林分抚育采伐作业设计样地调查资料汇总表）

（2）表中数值的计算。

样地蓄积 = 样木蓄积 + 采伐木蓄积

$$样地蓄积采伐强度 = \frac{采伐木蓄积(M)}{采伐木蓄积(M) + 样木蓄积(M)} \times 100\%$$

样地林木株数 = 样木株数 + 采伐木株数

$$样地株数采伐强度 = \frac{采伐木株数(N)}{采伐木株数(N) + 样木株数(N)} \times 100\%$$

其他数值的计算同前述计算方法。

（六）设计文件中需要明确的指标

设计指标是林地管理、检查验收施工作业质量的依据。

（1）依据样地调查设计，确定林分应保留的 C 值标准、范围。

（2）依据线路调查及管理要求确定设计面积施工作业率。

（3）依据样地调查确定保留木的优良率、均匀度、采伐强度。

六、样地在林地检查验收中的应用

对施工作业后的林地实施检查验收是森林资源管理中的重要环节。

需要抚育采伐作业的林地，经调查设计及设计的审核批复后，由施工作业单位依设计组织施工。在抚育采伐施工完成后，林业行政管理部门即要制定林业抚育采伐验收方案，组织技术人员对施工作业地进行检查验收。对林地的检查验收，同样是需要深入林地，设置具有代表性的样地，核查施工单位在施工中对设计文件的执行程度。

（一）对抚育采伐地进行样地查验的主要技术项目

（1）比较设计与施工后的样地林木优良率。

（2）比较设计与施工后的样地林木均匀率。

(3)施工中确定采伐木的适宜率。

(4)林木采伐强度。

(二)样地选设的方法

其方法同前述长条形样地的调查方法。

(三)样地林木的检测

(1)样木的检测。对样地线上及临近样地线的主测木，以及与各主测木相对应的相邻木进行逐株检测。用《抚育采伐作业质量抽查样地林木检测表》登记检测的胸径、检测木之间的营养间距；同时登记其检测木是否为不良木。

当检测木之间的间距偏小时，则以林木定量间距式标准 C 值确定是否有一株检测木应为采伐木，并对林木的优良性作判定。若有一株林木被确定为应采伐木，隔其采伐木形成的主测木并与其相对应的相邻木间距 C 值在 8～10 标准范围内。则登记一株应伐木。否则不登记。

当检测木之间的间距较大，甚至可容纳一株林分平均径阶以下的林木时，如果之间有伐桩，则以实测间距登记；若无伐桩其径阶检尺栏可记零值，其 C 值栏同样记为 8。

(2)伐桩的检测。在对主测木和与主测木直接对应的相邻木检测过程中，其检测木之间的间距范围内有伐桩，即为样地采伐木。采伐木只记其伐根木质部的直径，一般情况下以其代表采伐木胸径，在林木检测表中登记。特殊情况以现地测定处理。

(四)样地调查用表的设计

(1)表格设计如下：

附表 6：《抚育采伐作业质量抽查样地林木检测表》

附表 7：《抚育采伐作业质量抽查样地情况确定表》

(2)表中数值的计算：

$$样地采伐木适宜度 = 1 - \frac{保留应采伐木(N)}{保留应采伐木(N) + 样木株数(N)} \times 100\%$$

其他数值的计算同前述计算方法。

(五)样地调查结果的评定

依据设计指标及检查验收样地结果进行施工质量的评定。

第三章　林分的经营管理

林分的经营管理就是有计划、有组织地对林分经营。对林业生产经营单位而言，本章所探讨的内容就是在森林区划的基础上，以培育林分质量、提高林分生产力的观点，以生态学、经济学、可持续经营利用的观点进行探讨，确定林分的经营利用措施，达到对林分经营利用过程的有效监控，显现国家林业政策的落实，确保林分质量的提高。

一、林分经营管理的必要性

林分是森林资源的主体，林分形成的特点就决定了对林分经营管理的必要性。林分是指林地上的有林地，从林分形成的特性角度讲，有以下几方面的特点：

(1)林分功能的多样性。林分形成后的功能，不仅可生产木材及林副产品，且能防风固沙、涵养水源、美化环境，更能综合利用，多种经营，森林旅游，充分展示在社会发展中的经济效益、社会效益和生态效益。随着社会的进步和发展，林分为森林主体的各种功能更加明显和突出，更为人们所重视。

(2)林分形成的艰难性。在自然形成中，林地既是在有种源的条件下，也要经过种子的侵入，适宜气候条件下幼苗的形成，植物群落的自然竞争和演替，方可形成改变地表特征达一定郁闭度的林木群，这一过程需要十几年、几十年甚至上百年的时间，在人工营造的林分形成中，需要育苗、造林地整地、栽植苗木、抚育管护，形成一块林分需要大量的资金，劳动力的投入，需要几年、十几年、甚至几十年的时间。特别是在山地，防风、防沙、防洪地带条件下，造林的难度较大，若不采取特殊的保障措施，甚至需要多次补植，多次营造方能形成林分。

(3)林分形成的产品性。为调节气候，减轻各种自然灾害的频繁发生，由国家及地方政府规划出的地理段，不论是已有的林地还是投入大量的人力、物力、财力营造形成的有林地(林分)与国民经济领域中的农、牧业占地比较，多是立地条件较差、易发生自然灾害的区域地表，简而言之，现有的林分或即将发展营造的林分，多是因害设防，根据国民经济发展之需保留和发展的地表区，具有极大的产品性。

(4)林分的易损性。林分的生长发育，必然产生的林木及林下生物积累，也由此产生林分在社会经济发展中多功能性，产生人们对林分内林木的需求和经营。同时林分也具有易损性的一面。如：受社会对林木的需求程度，经营者为追求经济利益程度，往往以采伐林木为经营主体，造成林分质量恶化，大片的林地消失，区域环境破坏。受林分经营程度的影响，林分易发生火灾、虫害、雪折、风倒。这些现象近期在我国各地还在频繁发生。

(5)林分经营利用的可持续性。林地资源不同于矿产类自然资源，是一种由具有生命力的可不断生长发育的树木个体组成的植物群体资源，如果经营者依据林分的自然生长发育规律，合理地开展林地经营利用活动。把林分在自然竞争生长发育中被淘汰枯损的林木蓄积量、种子、树皮、叶等林副产品，以抚育采伐或者其他经营的方式，提前一步变为社会及人们所需要的物品，促使林分的质量得以提高，林分内的蓄积量及林分内林木个体材积得以提高，由林分产生的三大效益也在提高，这些功能是可持续的，在不受特殊的火灾、虫害、风倒等自然灾害下是永续的。

二、林分经营管理的目的和任务

(一)林分经营管理目的

对林分经营管理的最终目的是把现有的林分经过科学的经营管理，特别是采取抚育的方式，调整林分内林木结构和相应个体的适生营养面积，达到可持续经营利用以及最大限度地发挥经济效益、社会效益和生态效益的状态上来。

(1)全面合理地组织生产活动，提高林分的自然生产力和自然更新力，提高可持续利用林木及林副产品能力。

(2)采取各种行之有效的经营管理措施，保护现有的林地资源不受破坏，积极扩大林地资源，增加林地覆盖率。

(二)林分的经营管理任务

(1)提升林业科学技术的研究水平和应用能力。林业科学技术是推动林业发展基础，对林分的自然生长发育规律的研究，产生新的更加适应林分生长发育规律的调查技术，经营技术就可以制定出更加有效的提升林分质量和林分效益的经营措施，林分经营技术也是制定林分经营计划、经营规模以及经营规程，提升林分经营效果的基础和依据。

(2)林分调查设计。林分调查设计，是根据林业经营单位的经营区划、经营方向，使用较为科学的调查方法，对林分进行数量、质量、消长变化和环境状况方面的调查。林分的调查工作是对林分进行经营管理的基础工作之一。在调查分析和评价林分的基础上，依据国家规定的管理指标完成生产作业性质的调查设计。

(3)林分经营决策，制定生产经营方案。林分的经营管理是对林业规划发展的特殊林地产品而言，如何在保障国家对林地管理目标的前提下，对林分的生产经营活动进行决策。可分为：①全国性决策。颁发技术规程，制定林分生产经营活动、范围对象等；②地方部门性决策。根据地方区域的林地分布特点，林分类型特征，制定地方经营标准，经营林分的技术指标，生产规模、管理措施；③经营单位的决策。制定生产设计工作规则，施工技术要求，施工管理方案，施工管理制度等。对林分的经营计划，有长期、中期、短期之分。

(4)制定经营管理措施。林分在区域地表的形成，就必然地显示出了这块区域地表被绿化及林分形成所具有的功能，经营人对林分的经营获利，主要表现在抚育采伐林分内的部分林木或收获林分内的林副产品的生产经营活动中，同时提高林分质量及林分的各种功能，则是通过科学而合理地抚育采伐方式的生产活动而得以实现。为保障在林分内进行抚育采伐活动的科学性及合理性，在经营单位的经营活动中制定切实而有效的经营管理措施，是开展生产经营活动的必要条件，是林分抚育采伐质量管理的主题。

三、林分采伐质量管理

林分采伐质量管理，是经营单位在林分采伐生产活动中，为保障生产活动后的林分质量提高，林分功能的提高，而制定的各项管理措施，在生产活动中的具体落实。如山西省中条山国有林管理局在向辖区各国有林场下达人工林抚育任务的同时，根据山西省林业厅对人工林抚育作业质量管理要求，下达了《人工林抚育采伐操作程序》《人工林抚育采伐调查设计方案》《人工林抚育采伐地检查验收办法》等管理文件，以及人工林抚育采伐技术指导材料，营林生产中重大事故的责任追究制度等。

本书运用林分中林木 C 值的研究结果，设计出长条形样地在林地上的调查方法，运用于对林分的经营管理之中，从而以量化的指标值，实事求是地完成对林分的调查评定，克服人为因素虚假成分在林分经营活动中的渗入，更加科学化、信息化、系统化地对林分进行经营管理。

第四章　中条山国有林管理局林分采伐经营管理文本范例

一、人工林抚育采伐操作程序

为规范人工林抚育管理，根据《中华人民共和国森林法》、《森林采伐作业规程》(LY/T1626—2005)等有关规定，结合中条山国有林管理局实际，制定本操作程序。

(一)下达人工林抚育计划

中条山国有林管理局根据山西省林业厅下达的木材生产计划，结合实际情况下达人工林抚育年度生产任务。

(二)落实人工林抚育地块

各单位按照人工林抚育生产任务和人工林抚育技术规定，落实并填写抚育地块表(详见附表8)，做好人工林抚育生产设计准备工作，提报林局资源科，以便进行调查设计工作安排。

(三)人工林抚育调查设计

各林场聘用有调查设计资质的设计队(院)进行作业设计。设计队根据有关技术法规、《中条山国有林管理局人工林抚育采伐作业调查设计技术方案》(附件一)要求进行调查设计，编制作业设计书。设计队与林场双方对作业设计成果进行审核，确定调查结果与实际相符后提报林局审核报批。

(四)作业设计的报批

局资源科组织审核。各单位提报的人工林抚育设计书，必要时可进行现地审核，而后集中向省厅上报审批。

(五)采伐前公示

采伐林木必须做到伐前公示，公示地点为单位公务公开栏和作业地附近村庄及居民集中地的醒目位置，公示时间不少于10天。伐前公示应在采伐设计上报审批后，方可公示，公示内容包括采伐地点及四至范围、采伐树种、面积、蓄积、材积、时限等。

(六)伐区拨交，签订责任状

采伐设计经省林业厅审批后，林局向林场拨交林木采伐许可证，签订人工林抚育采伐责任状、安全防火合同。林局委托监督办现场拨交，实行拨一号、采一号、完成一号、再拨一号的做法。伐区拨交前，拨交人员要检查是否进行了采伐公示，是否进行了相关人员作业培训；伐区拨交时，局监督办人员、林场分管场长、技术员和施工负责人要到现场，交代清楚伐区界线(伐区界线必须用红漆标示)、采伐强度、出材数量等事宜(拨交单详见附表9：中条山国有林管理局森林采伐区拨交通知单)。

(七)采伐前准备

(1)编写人工林抚育作业施工方案。林场在编写人工林抚育作业施工方案时，对作业区及面积、作业期限、质量保证措施、技术环节要求、注意事项进行详细编写。详见“人工林采伐作业施工方案范本”

(2)林场签订责任状、安全防火合同。场长要成立由分管副场长、派出所所长、技术组长组成伐区管理领导组及由分管场长负责的伐区施工组，林场领导组要与施工组长及施工组成员、施工队签订责任状及安全防火合同。

(3)岗前培训。林场进行伐区采伐作业前要对所签订责任状的人员进行现地培训，如：木材检尺培训、树木标号培训、施工安全培训等，并由林场领导组对培训人员通过现地考核发放上岗卡。

(4)采伐作业。林场在进行采伐作业时要严格按照《施工方案》的要求进行操作，严禁违规操作，否则追究相关人员责任。

(八)森林采伐作业监督与检查验收

森林采伐作业应在监督之下依法实施，主要根据《中条山国有林管理局人工林抚育采伐作业监督检查验收办法》进行检查。

(1)伐区生产准备。伐区生产前要准备好生活生产条件，监督办人员要适时进行检查。

(2)伐区作业监督。采伐作业的管理监督工作是采伐作业实施过程中不可缺少的环节，日常管理工作由采伐作业单位负责，林局监督办人员要做好现地监督和技术指导。

(3)木材验收。木材归楞后，林场提出木材验收申请，林局接到申请后派人到林场进行木材验收入库，以便木材能够及时销售，木材的出入库要由专人进行负责。

(4)伐区检查验收。各单位在完成伐区采伐作业后5天内向林局提出验收申请，林局接到申请后，派人到现地进行检查验收，检查验收按作业设计小班进行实地核实，对作业合格小班发放“采伐验收合格证”。

(九)木材运输及销售

木材经林局验收入库后，按照《木材运输及销售管理办法》(附件五)进行销售。木材销售运输时必须签发“木材运输证”，木材运输证由局资源科指定专人签发。

(十)总　结

所有作业结束后，各作业单位要写出人工商品林抚育采伐总结

（十一）档案管理

森林采伐作业的档案要按档案管理办法进行建档。各单位档案由资源管理员负责有关档案资料的收集、整理、保管和提供利用。

（1）档案内容：

①伐区资源调查设计文档；

②林场管理材料；

③伐区作业资料；

④监督、检查与验收资料；

⑤其他相关资料。

（2）保存形式：

①纸质文档。上述全部档案内容都应有纸介质文档，字迹应清楚。

②电子文档。为了信息的有效保存和方便服务，要求所有的采伐作业单位都应有上述全部档案的电子文档。

（3）档案的管理。档案管理部门整理和接收入库的档案应符合以下要求：

①归档的文件材料齐全；

②遵循文件材料的形成规律，保持文件之间的历史联系；

③保管期限划分准确；

④题名简明确切；

⑤文件排列有序；

⑥案卷应符合标准，装订结实美观。

附表：

表8《人工林抚育采伐地落实表》

表9《中条山国有林管理局森林采伐区拨交通知单》

二、人工林抚育采伐作业调查设计方案

作业设计是林业生产过程中重要的一环，是指导、组织生产及检查验收的重要依据。为加强林木采伐管理，认真执行伐区设计制度，适应森林采伐新规程要求，保证设计准确、规范、操作性强，根据有关法律法规、国家林业局颁布的《森林采伐作业规程》(LY/T1626—2005)、《山西省2006年天保区人工商品林采伐试点方案》的要求等有关规定，结合中条山国有林业管理局实际情况，编制人工林抚育采伐作业设计的实施方案。

（一）抚育采伐的对象

1. 地　类

(1)商品用材林区人工中、幼林小班。

(2)防护林区坡度小于25°、土层深厚、立地条件较好，不会造成水土流失和风蚀沙化，林分内林木分化明显的中、幼林。

(3)禁止在天然林以及划为重点公益林和森林公园的人工林林分中进行作业。

2. 林分条件

林分内林木分化明显，林分 C 值 >10，或郁闭度在 0.8 以上的林木团块状分布明显的人工中、幼龄林。设计采伐强度低于株数的30%或蓄积量的20%，伐后林木 C 值保持在7.5～12，林分 C 值保持在8～10，或伐后保持郁闭度0.6～0.7。

(二)调查设计要求

1. 准备工作

(1)林场根据档案资料和有关规程及任务的要求，做好伐区定位工作；

(2)设计人员要求熟悉有关规程，明确任务，收集有关的资料；

(3)设计队根据有关规程制定有效的作业设计管理办法。

2. 作业设计

(1)设计依据。人工林采伐作业设计必须严格执行《森林采伐作业规程》(LY/T 1626—2005)、《森林抚育规程》(GB/T 15781—1995)、《森林采伐更新管理办法》、《山西省2006年天保区人工商品林采伐试点方案》进行设计。

(2)设计要点：

① 面积测量：采用1∶10000地形图对坡调绘，用网格法求算面积；对自然地形不明显和面积≤0.5hm^{2}的小班(地块)，可采用罗盘仪闭合导线法实测。

② 小班区划：抚育小班最大面积不能超过20 hm^2。面积超过20 hm^{2}的小班，要求划分细班。如8小班划分为2个细班，用8a、8b来表示。

③ 小班调查：可采用长条形样地调查法(要求GPS定位)。样地数量要求5hm^{2}以下1块，5～7hm^2 2块，7～15hm^2 3块，大于15hm^2 4块。调查的内容包括：立地因子、林分因子、下木植被、更新状况，并计算采伐量和出材量等相关因子。样地调查中，要严格按照"十二字要领"施工法，确定保留木和砍伐木。各树种径阶树高，采用手举花杆目估法测量，蓄积采用二元材积表或二元材积公式计算。

④ 内业设计：依据标准地调查资料和有关信息资料，编制作业设计、绘制作业设计图。设计内容包括：a. 作业面积、采伐树种、消耗蓄积、抚育强度、出材量、林分 C 值、优良率、均匀度以及修枝、割灌、林地清理等方面的设计；b. 缓冲区、林道、集材道、楞场、生活点设计；c. 相应的工程量、用工量、费用概算；d. 绘制抚育作业设计图：应注明小班在林班(村)中的位置、边界，并注明作业地点及林班、小班号、作业面积、采伐量、规格材出材量的内容注记，比例尺：要求为1∶10000的面积图。

3. 小数的取舍

① 面积以hm^{2}为单位，样地保留2位小数，小班保留1位小数。

② 蓄积量，出材量以 m^3 为单位，样地保留 3 位小数，小班取整数。

③ 平均胸径以 cm 为单位，平均高以 m 米单位，均保留 1 位小数。

④ 每木检尺起测径阶为 6cm（以 2cm 为一个径级，按上限排外法括约）。

⑤ 各率取 1 位小数。

⑥ 投资概算中用工量为整数，单价保留 2 位小数，总价取整数。

（三）主要技术措施

1. 技术要求

（1）被伐木的选择：用材林应首先选择林分内的枯立木、被压木、弯曲木、病虫木、无头木为采伐木，其次采伐生长过密的林木及抑制主要树种生长的林木；防护林应先将彼此有密切联系的林木划分植生组（树群），然后按有利于树冠形成梯度郁闭，主林层和次林层都能直接受光的要求在每组内将林木分为优良木、有益木和有害木、伐除有害木、保留优良木和有益木。采伐木确定后要对其进行标号，确保采伐无误。

珍稀树种不允许采伐，属于国家二级保护的有连香树、红豆杉；三级保护的有领春木、翅果油树、核桃楸、青檀、山白树等；省级保护范围的有南方红豆杉、四照花、老鸹铃、山桐子、山拐枣、泡花树、暖木、膀胱果、河北栎、北京槲栎、脱皮榆、樱果朴、光叶榉、梧桐杨等，针阔混交林中，混交树种在林分内 3 成以下时应重视保留。

（2）抚育强度：在规定的标准范围内应掌握在林分因子相同的情况下陡坡小于缓坡，山地小于平地、阳坡小于阴坡。

（3）伐后林分平均胸径不小于伐前林分平均胸径，林木优良率、均匀度要提高。

（4）伐后郁闭度不低于 0.6，林分 C 值要≥8。

（5）防护林伐后不能降低其生态效益。

2. 缓冲区的设置

以下两种情况应划出缓冲地带或保留班块：

（1）伐区周边如果是空旷地，如草原、溪流、湿地、湖沼等。要划出缓冲带，以避免导致边缘林木稀疏化。

（2）伐区内存在着与社区居民文化相关的斑块，如风水地、坟墓点，要划出适宜的保留斑块，避免产生社区矛盾。

设缓冲区的伐区应在图上标明。

3. 集材方式

集材方式包括绞盘机、索道、拖拉机、板车、渠道、滑道、畜力、人力等方式。根据中条山林局地形地貌及林地的实际情况，多采用接力式集材，木材由山坡向道路的集材方式以人力为主；向楞场运输的集材方式主要采用机械运输。

4. 其他方面

特殊保护(保留)地要在图上标明，并在说明书中描述理由。

临时居住场所、集材点、楞场(贮木场)、林区道路等项按照有关表格的要求进行调查，原有的尽量利用，需要新建的项目按照《森林采伐规划设计》第71~78页工程设计标准进行设计，无论是原有的，还是新建的都要在图上标明。图面不够大的情况下用示意的方式标出。

(四)伐区设计及成果编制(内业)

1. 面积求算

以外业调绘底图为基础，采用网点板法计数，分两次进行。面积与实地面积误差不得超过±5%。

2. 蓄积计算

以外业调查资料为基础，采用二元材积公式，计算机中直接计算。

3. 材种出材量的计算

材种出材量的含义：根据树段或木段的材质、规格尺码及可用性制材，将材种规格划分为商品材和其他材。商品材出材量的计算以野外造材记录为基础，由材积公式在计算机中求出。其他材：如薪材可以重量单位吨进行估算。

4. 收支概算

按照实际用工量、当地工资现状、所需材料和机械设备、劳动保护设备的市场价格运行情况进行综合收支预算。

5. 作业设计图

地形图调绘的作业设计图面积图和位置图同用一张图。标题统一使用："中条山国有林管理局××林场××年度人工林抚育××伐区作业设计图"。

大小一律采用A3或A4纸排版，常见符号按照统一符号制图(详见图例)。

6. 作业设计说明书

(1)标题：统一使用"中条山国有林管理局××林场××年度人工林抚育采伐作业设计说明书"或"中条山国有林管理局××林场××年度人工防护林抚育采伐作业设计说明书"。

(2)前言：简述作业的目的、依据和设计结果(面积、采伐蓄积、出材量)。

(3)设计编制的指导思想、依据、原则：

① 指导思想：在全面实施森林资源保护的前提下，立足生态优先，发挥森林的多重效能，对人工林进行科学适度采伐利用，促进森林资源总量的增加和森林资源质量的提高，更好地发挥森林的生态、社会、经济效益。

②编制依据：

- 《森林抚育规程》(GB/T 15781—1995)；

•《森林采伐作业规程》(YL/T 1646—2005);

•《中条山国有林管理局天保工程实施方案》;

•《山西省2006年天保区人工商品林采伐试点方案》等。

③ 编制原则:

• 坚持生态优先的原则;

• 坚持"严管林"的原则;

• 提高森林资源利用率的原则。

(4)简述作业设计调查方法。

(5)项目区概况:

① 自然地理条件。按林场为单位描述,包括行政区划、地形地貌、气候、资源状况等。

② 社会经济条件及经营活动历史。以林场为单位描述,所辖区域内社会经济情况、主要经济来源、人均收入、劳力数量、交通等。

③ 作业区概况。分伐区描述面积、位置(行政区划及小地名)、经营区划、立地条件(海拔、坡向、坡度、土壤厚度、种类)、植被(灌木、草本)种类、盖度等。分小班描述林分因子(树种组成、主要树种胸径、树高、郁闭度、林分密度 C 值及亩均蓄积量、分布状况)、简要描述伐区内缓冲区、特殊保护(保留)地、临时居住场所、集材点、楞场(贮木场)设置位置及理由。

(6)作业设计:

① 主要工艺指标。分伐区描述采伐强度、采伐树种、消耗蓄积、出材量、材种出材量、规格材出材率等。

② 主要技术措施:

•标号:采伐木的确定按照"三砍三留"的原则及以林木间距定量 C 值恰当地进行选择,对所有选定的采伐木在其胸高处进行划圈标号。

•伐树、打枝、制材:对选择的采伐木进行采伐,要求伐根不得超过5cm,伐树严格按照伐木工艺流程进行。打枝要将伐倒木的全部枝丫从根部开始向梢头依次打枝,应紧贴树干表面进行砍枝。制材要按照量尺造材、需求造材的原则严格进行造材,材尽其用,提高出材率。

•集材归楞:采用人力集材的方式进行集材,做到分级、分材种、分树种归楞,楞高一般为1~2m,楞间距一般为1~1.5m,楞头排列为"长材在前,短材在后,重材在前,轻材在后",每个楞底均应垫上楞腿。并对所有木材进行检尺,登记入薄。

•抚育修枝:对林木分布较稀疏的,林分 C 值小于8,枝下高小于2m的林分团块进行抚育修枝设计,但修枝高度不超过树高的1/2。修枝时要求切口平滑,防止撕裂树皮,以免影响林木生长,修枝抚育的作业面积要测定。

• 清林：将能利用的木材全部运出林地，对伐树制材后不能利用的枝丫、割除的灌木、截头等按要求平铺于林地，林地内严禁截梢不打枝、存放“冲天炮”。

③ 注意事项：

• 待作业设计批复后，再组织生产施工。施工前应编写施工方案，并将设计批复和各实施单位申领的林木采伐许可证内容按地点、面积、蓄积、采伐方式等在林场公务公开栏和作业地附近村庄及居民集中地的醒目位置向社会公示。公示期不少于10日。

• 伐区拨交，组织采伐以前，由林局负责伐区拨交。伐区拨交必须做到局监督办人员、林场分管场长、技术员和施工负责人四到场，明确四至界线，采伐强度，出材数量等事宜。

• 作业前，要加强对相关人员的安全教育和技术培训。技术人员、施工人员要明确采伐作业规程要求；作业人员要掌握操作要领，明确责任，严禁盲目施工，违规作业，杜绝发生意外事故。

• 抚育采伐由林场组织自营工队进行作业，禁止向社会进行承包，禁止由木材经营户组织采伐，严禁超设计强度、超限额、超计划、越界、易地采伐。

• 作业过程中要坚持以人为本的原则。项目单位要为作业人员配备必需的劳保用品，如颜色醒目的服装、安全帽、手套等。加强安全生产，尽量降低劳动强度，防止人身伤害事故。

• 作业过程中要保证林区卫生，严禁将废弃物丢在林区。

• 严格执行林区野外用火制度，确保森林资源安全。

④ 施工安排：

• 本次设计的作业任务待设计批复后于当年年底前完成。作业进度由林场根据具体情况自行安排。

• 本次抚育作业共需用工数量，作业人员等情况。

• 施工中要求技术员，施工员依据技术规程跟班作业，搞好技术指导。

⑤ 效益概算：

• 主要经济指标：确定用工总数，工日单价，作业设施费、物资材料费、运杂费、管理费等。作业设计费为总收入的3%；不可预见费为总收入的3%。收入根据市场木材价格进行测算。

• 投资、收益情况比较分析。本次设计预算投资总数，收入、收支相抵盈亏情况。

（五）检查验收

根据国家采伐规程的要求，林局将成立作业设计质量检查小组，对设计小班跟踪抽查验收。对林地调查因子与实地不相符的设计必须返工重新设计，对弄虚作假情节严重的设计将追究有关人员的质量责任并给予必要的处理。

(六)附　件

山西省主要树种二元材积计算公式

栓皮栎：$V=0.00006469D^{1.849191}H^{0.934139}$

桦　树：$V=0.00006017D^{1.859137}H^{0.963716}$

柞　树：$V=0.00007021D^{1.867610}H^{0.930858}$

杨　树：$V=0.00006315D^{1.882011}H^{0.934389}$

油　松：$V=0.00008149D^{1.891884}H^{0.821046}$

三、人工林抚育采伐地检查验收办法

1. 目　的

为加强资源管理，提高林地质量，提高人工林地资源的可持续利用力。

2. 检查范围及要求

（1）全面检查2007年人工林抚育采伐地的施工作业质量，同时核查对资源消耗限额的执行情况。

（2）受检单位有无异地采伐、越界采伐，如有则只进行违法方面的检查。作业质量方面的检查工作，由中条山国有林管理局另行安排。

3. 检查人员

由中条山国有林管理局资源科牵头，督查办人员参加。

4. 检查标准

（1）中华人民共和国《森林采伐作业规程》

（2）山西省林业厅批复的2007年度《人工林抚育采伐设计说明书》

（3）中条山国有林管理局《人工林抚育采伐“十二字要领”施工法》

5. 检查内容

（1）人工林抚育采伐设计审批手续、施工作业方案、野外工作记录是否完善。

（2）抚育采伐作业的抚育面积、木材生产限额的完成情况。

（3）抚育采伐施工地的面积作业率，保留木干形优良率，林木均匀度，保留木保留适宜度，采伐木伐根高及采伐丢件等。

6. 检查所用工具

测树尺、测绳、GPS、地形图。

7. 检查验收方法

（1）内业检查：受检项目的入档资料。

（2）外业检查：在施工作业地内采用线路调查和设长条形样地调查两种方式。对伐区采用线路调查为主，线路调查的直观面积要大于伐区面积的30%。对伐区小班采取抽查的方式，抽查小班面积达30%，小班调查以采用长条形样带调查为主，长条形样地调查以水平或顺坡向设50m带长，通过其带中相联林木以及各自与左右相邻林木的间距，直径测定调查来考评林地作业质量。布设数量要求为：小班面积100亩以下时设1~2块样地，100亩以上时设2~3块样地，具体样地布设的多少是以足能代表小班林地类型及实际施工作业质量为原则。

样地调查的主要因子为：保留木的优良率、均匀度、适宜度、线路调查的主要因子为面积作业率、不合格伐根数、采伐丢件。

8. 检查资料的汇总

（1）填写《伐区抽查小班样地林木检测表》。

《抽查小班样地情况确定表》

（2）根据样地调查情况填写《人工林抚育采伐伐区抽查样地质量汇总表》和《抽查小班质量评分表》。

（3）根据抽查小班质量评定结果，填写《人工林抚育采伐伐区作业检查验收合格证》。

（4）评定标准：伐区综合评分85分以上为合格，95分以上为优良。林地质量40分为合格，45分以上为优良。

9. 人工林抚育采伐质量检查成果汇报

检查人员工作完成后，以书面的形式写出报告，主要内容要求如下：

（1）检查工作概况。

（2）有关受检单位伐区采伐管理方面的情况。

（3）伐区林地施工作业质量方面的情况。

（4）受检单位对伐区资源利用及对林地保护措施方面的情况。

（5）受检查单位在人工林抚育采伐工作中的问题和经验结合一年的生产实践，提出合理化建议。

10. 附　件

《伐区抽查小班样地林木检测表》

《抽查小班样地情况确定表》

《伐区抽查小班样地质量评分表》

《人工林抚育采伐伐区抽查样地质量汇总表》

《伐区作业检查验收合格证》、《小班质量评分标准表》

以上附表与人工林抚育采伐质量检查验收文本附表相同。

【表格中的名词解释】

优良保留木：指采伐作业后林地上保留的生长健壮，干形通直的植株。林地上保留的干形弯曲或有明显病虫害等的植株为不良木。

应伐木：指在林地采伐作业时，保留的应采伐而未采伐的过密林木。

定量间距：是依据林木所占据的营养面积与胸径的关系值确定的相邻两林木之间的合理间距：在中条山国有林管理局的林木间距定量计算式为

$$L=\frac{A+B}{C}\times 100(\mathrm{m})$$

式中：L代表A、B两林木营养间距；A、B分别代表两林木的胸径（单位：cm）；C代表林木营养间距与胸径的关系值。

在林分验收中，可据两林木相对方向自然整枝高度在1/2左右的两林木间距测定C值，在中条山国有林管理局一般乔木林分测定经验数为8～10，这是由不同林分的经营过程及经营程度不同所决定的。但当一块样地的平均C值小于8时，说明抚育间伐强度过大，林地资源质量下降，当其大于10时说明抚育强度过小，未达到培育资源的效果，以此进行评定伐区施工质量，具体标准为：

(1)当抚育采伐区代表样地C值在为8～10范围时，评定其伐区达标；

(2)林分抚育采伐地的样木C值在7.5～12范围时，可评定抚育采伐木间距合格，当$7.5>C$值>12时，评定样木定量间距为不合格。

四、中条山国有林管理局人工林抚育采伐技术指导材料

人工林抚育采伐“十二字要领”施工法：

林地上的林木在其自然界的生长发育中是依据其所占据的立地条件有着一定的生长发育规律，由各个林木形成的群体林分，存在着个体之间的竞争生长，一些个体在竞争生长中不断扩大自身占据的营养面积，竞争生长成较大的个体，一些个体林木则在竞争生长中被优良的个体竞争掉所占据的营养面积而被淘汰，形成自然消失的对象，从而形成林分个体的生长发育，由个体组成群落林分的演替变化。

人工林抚育是对林分生长发育变化过程中的中间经济利用，把竞争演变过程中的被淘汰的枯死消失木，提前一步，以活立木的形式采伐，从而获取较多的经济价值和社会效益，同时也为减轻其林分内的个体竞争所形成的个体生长损失，达到林地上所保留的活立木获取更大的生长蓄积量，及更大的林地效益。

无数的实践数据及许多的研究成果表明，对生长发育过程中的林分，需要采取人为的措施进行抚育间伐，促进林分有更高的生产力，更高的经济价值，更高的林地效益，但对人工林的抚育间伐方式，特别是不同林分群落的抚育间伐方式，林业工作者仍然进行着不断地探索研究。

在人工林抚育的实际工作中，抚育方式有轻勤抚育法，二次、三次强度皆伐式抚育及透光伐、生长伐，上层抚育，下层抚育等，但就具体的生产实施中，存在着以下几个问题：

(1)同一个地理区域，由于立地条件的差异，林分成因及经营过程的差异，林分

内的树木高度、径级、树种组成存在着明显的小团块差异，抚育作业时，难以按设计抚育强度，设计的抚育方式施工，产生较大的施工差异性，抚育地块的部分存在不科学性。

(2)一般在抚育标准的要求上，有蓄积强度、株树强度及郁闭度的抚育间伐要求，都只是定性的要求，但就某林分团块，无法具体地核实，也无法恰当的查验，只能就采伐后的实物结果(采伐木材)来核实，往往抚育后的林分出现相当含量的不科学性。

(3)抚育作业随着林地管理的松、严程度，抚育作业效果出现偏左、偏右的波动性，在管理较松时，往往受人为意识的影响，抚育强度偏大，造成林地质量下降。管理较严时，往往抚育强度偏小，应抚育的对象不敢伐，应实现的经济效益得不到实现，造成林地生产力下降，培育成本加大，因为在抚育中没有一个可供查比的尺度。

为解决以上实际中的问题，我们通过大量的时间，不同地类的抚育效果分析，提出“十二字要领”抚育作业施工法。即在抚育作业中要求按抚育作业规程，实行“三砍三留”原则，抚育后的保留木，杆形通直，树体优良健壮，在施工后的查验时就看其所有的保留木“直不直”。

在抚育作业时，对林地内的霸王木、不良弯曲木、无头木、病虫木、枯死木首先标号采伐，随后依据立木的胸径大小确定立木的疏密度，再确定应抚育间伐的立木，如果相邻两立木之间距等于两立木胸径之和的1/8的百倍(即：$L=(A+B)/C\times100=(A+B)/8\times100$)则确定为疏密度合理，若其间有立木则为需确定的间伐木，以此方式确定林分内的各个应保留木，即为均匀林分，在林分抚育后的检查验收时，则以此标准查验保留木“匀不匀”(计算表见表4-1)。

抚育后的保留木是否为保证林分质量提高的最适宜保留木，即为检查时追求的“宜不宜”，一般来说，以阔叶林木为主的林分内，尽量保留针叶树种，以针叶林木为主的林分内尽量保留阔叶树种，促使形成真阔混交林。同理，抚育间伐时，先保留干形通直，健壮，有利于提高林地生产力的林木，对大于林分平均径级的大树团块是以间伐大树为主，对小于林分平均径级的小树团块，以间伐小树为主(即：大树团块伐大树，小树团块伐小树)，促使林地形成复层混交林。

在抚育间伐时，按定量指标确定树木的间距，当间距较小时以伐大树为主，间距较大接近定量指标时以间伐小树为主。

通过以上的技术要求操作最后达到：林分质量提高，林地生产力提高，全林作业，检查时即评估抚育林地的“高不高”。

综上所述，“十二字要领”即为“直不直、匀不匀、宜不宜、高不高”，由此来提高人工林抚育施工的可操作性，降低营林成本，提高营林效果。

表 4-1　人工林抚育采伐地保留木间距定量表

B \ A（$A+B$）	6cm	8cm	10cm	12cm	14cm	16cm	18cm	20cm	22cm	24cm	26cm
6cm	1. 5	2	2	2	2. 5	3	3	3	3. 5	4	4
8cm	2	2	2	2. 5	3	3	3	3. 5	4	4	4
10cm	2	2	2. 5	3	3	3	3. 5	4	4	4	4. 5
12cm	2	2. 5	3	3	3	3. 5	4	4	4	4. 5	5
14cm	2. 5	3	3	3	3. 5	4	4	4	4. 5	5	5
16cm	3	3	3	3. 5	4	4	4	4. 5	5	5	5
18cm	3	3	3. 5	4	4	4	4. 5	5	5	5	5. 5
20cm	3	3. 5	4	4	4	4. 5	5	5	5	5. 5	6
22cm	3. 5	4	4	4	4. 5	5	5	5	5. 5	6	6
24cm	4	4	4	4. 5	5	5	5	5. 5	6	6	6
26cm	4	4	4. 5	5	5	5	5. 5	6	6	6	6. 5

（1）人工林抚育地不同径级的 A、B 两立木应保留间距：

$$(L)\text{计算式：}L=(A+B)/8\times 100$$

（2）小于 6cm 的保留木幼树的营养半径均为 0. 5cm。

（3）特殊针叶林和阔叶林的抚育中林木之间的间距计算有较小幅度的变化调整。

（4）本表是由中条山国有林管理局总工武耀成测算，经管理局研究并确定执行。

五、人工林抚育采伐设计文本

祁家河林场

2007 年度人工商品林林抚育采伐

作业设计说明书

前　言

为调整树种组成与林分结构，改善林木生长环境，缓解木材供需矛盾，根据中条山国有林管理局任务安排，按照中华人民共和国标准 LY/T 1646—2005《森林采伐作业规程》的要求及 2006 年山西省天然林资源保护工程区人工林采伐试点的成果经验，结合祁家河林场人工林实际状况，确定在祁家河林场的樊家沟 14 林班 8、9、11、13 小班进行抚育采伐作业。林权证号为晋林证字[2005]第 0701735、0701736 号，抚育方式为生长伐，采伐树种主要为油松，作业面积 35. 0hm^2，抚育强度：株数强度为 20. 0% ~23. 9%，蓄积强度 19. 0% ~19. 5%，消耗蓄积 609. 6m^3，生产商品材 340.5 m^3。提高林分 C 值为 8.6～9.0，林木优良率 91.7%～97.8%，均匀度 76.5%～86.8%（具体详见调整设计用表：附表 10～37）。

1. 设计编制的原则和依据

（1）编制的原则：

①坚持生态优先和生态、社会、经济效益相协调的原则，紧紧围绕我局林业生态和产业体系建设，发挥森林的多重效能，促进森林资源总量的增加和森林资源质量的提高，在全面实施森林资源保护的前提下，对人工商品林进行科学适度采伐利用。

②坚持"严管林"的原则。

③提高森林资源利用率的原则。

（2）编制依据：

①《森林抚育规程》（GB/T 15781—1995）；

②《森林采伐作业规程》（YL/T 1646—2005）；

③《中条山国有林管理局天保工程实施方案》；

④《山西省 2006 年天保区人工商品林采伐试点工作方案》；

⑤ 山西省人民政府下达的中条山国有林管理局"十一五"期间年森林采伐限额（晋政办发〔2006〕20 号）。

2. 作业设计调查方法

本次设计采取现地调查的方法，落实抚育地块。

（1）作业面积的测算：对确定抚育的地块采用 1∶10000 地形图对坡调绘，用网格法求算面积。

（2）林地调查：根据人工林抚育采伐调查设计方案在全面踏查的基础上，采用长条形样地调查设计，样地数量：以样地代表面积 3～5hm^2 及样地类型分布情况进行了确定，本次设计调查共布调查样地 8 块，设计面积 35.0hm^2。依据本次设计的林分特征，选用标准 C 值为 8，取值范围为 8～10。

（3）林分因子的量测：郁闭度采用目测方法调查。平均年龄以样地平均树龄确定。各树种径阶树高，采用手举花杆目估法测量。蓄积量采用二元立木材积公式计算求得。出材量、出材率由现地目估造材用二元材积公式计算。调查质量符合《森林采伐作业规程》（LY/T1646—2005）附录（《伐区调查设计质量标准》）的规定。

3. 项目区概况

（1）自然地理条件。祁家河林场位于中条山国有林管理局西南端，夏县东部。行政区划属运城市夏县祁家河乡。林区地形地势复杂，高低悬殊，属暖温带季风型大陆性气候。林区土壤多为褐土和少量棕壤。森林以暖温性落叶阔叶林为主，乔木树种有栓皮栎、油松、辽东栎、槲树、侧柏、橿子木等，灌木以黄栌、荆条、黄刺玫、绣线菊、连翘等为主。

祁家河林场经营范围包括祁家河镇全部和泗交镇一部分。总面积 30983. 2 hm^2，国有林业用地面积 11240. 2 hm^2。其中国有有林地面积 8400. 9 hm^2，蓄积 322520m^3，人工林面积 2299. 6 hm^2，蓄积 39677m^3，森林覆盖率 57. 4%。有林地中人工商品林面积 1902. 2hm^2，蓄积 39591m^3，需要抚育的人工商品林中幼龄林面积 892. 5hm^2，蓄积 28640m^3，主要树种为油松、刺槐、栓皮栎等。

（2）社会经济条件及经营活动历史。祁家河林场辖区范围内以农业人口为主，主要从事农业和林副业，区域内闲散劳动力较多，可以满足各项林业生产的需要。区域内交通状况一般，移动信号覆盖率为 50% 左右。

本次设计小班内的林分曾于 1990 年前进行过定株抚育作业。从天然林资源保护工程实施至今，未对小班林分进行抚育间伐作业。

（3）作业区概况。本次抚育作业地点在祁家河林场樊家沟作业区内进行。该地交通便利，周围富余劳动力较多，通讯条件一般。设计范围在经营区划 14 林班 8、9、11、13 小班。权属为国有，林分起源人工，林种为商品林区的一般用材林，主要树种为油松，郁闭度 0. 8 ~ 0. 9。采伐方式为生长伐，作业面积 35. 0hm^2，消耗蓄积 609. 6m^3（如图 4-1）。

该区立地条件：海拔 900 ~ 1300m，坡度 12° ~ 28°，坡向以西、东为主。土壤为褐土，土层中等，肥力较好，部分小班土薄肥力一般。该区林下灌木以连翘、锈线菊为主，混生有忍冬、荚蒾、卫矛、黄栌等，盖度小于 30%；草本以羊胡草为主，盖度 30% 左右。林分状况：该作业区曾于 1990 年前进行过抚育作业，林地郁闭度多大于 0. 7，林分疏密度 C 值多大于 12。树木分布不均匀，多呈团块状分布，团内郁闭度多大于 0. 8，林木分化明显：14 林班 8 小班，树种组成为 10 油 – 杂，平均林龄 30 年，平均胸径 16. 7cm，平均高 9. 0m，平均株数 1033 株/hm^2，平均蓄积 100. 39 m^3/hm^2；

14 林班 9 小班，树种组成为 10 油，林龄 35 年，平均胸径 12. 8cm，平均高 7. 5m，平均株数 1463 株/ hm^2，平均蓄积 83. 67m^3/hm^2；

14 林班 11 小班，树种组成为 10 油，林龄 30 年，平均胸径 13. 6cm，平均高 8. 0m，平均株数 1195 株/ hm^2，平均蓄积 79. 76 m^3/hm^2；

14 林班 13 小班，树种组成为 9 油 1 杂，林龄 35 年，平均胸径 14. 1cm，平均高 8. 0m，平均株数 1304 株/ hm^2，平均蓄积 90. 70 m^3/hm^2。该小班在油松团林之间有小块状阔叶幼树分布，为改善林木的生长环境，促进林木的直径生长，提高林分质量，急需对以上小班进行生长伐抚育。

4. 作业设计方案

（1）主要工艺指标：樊家沟调查区设计作业面积 35. 0hm^2，采伐树种为油松，抚

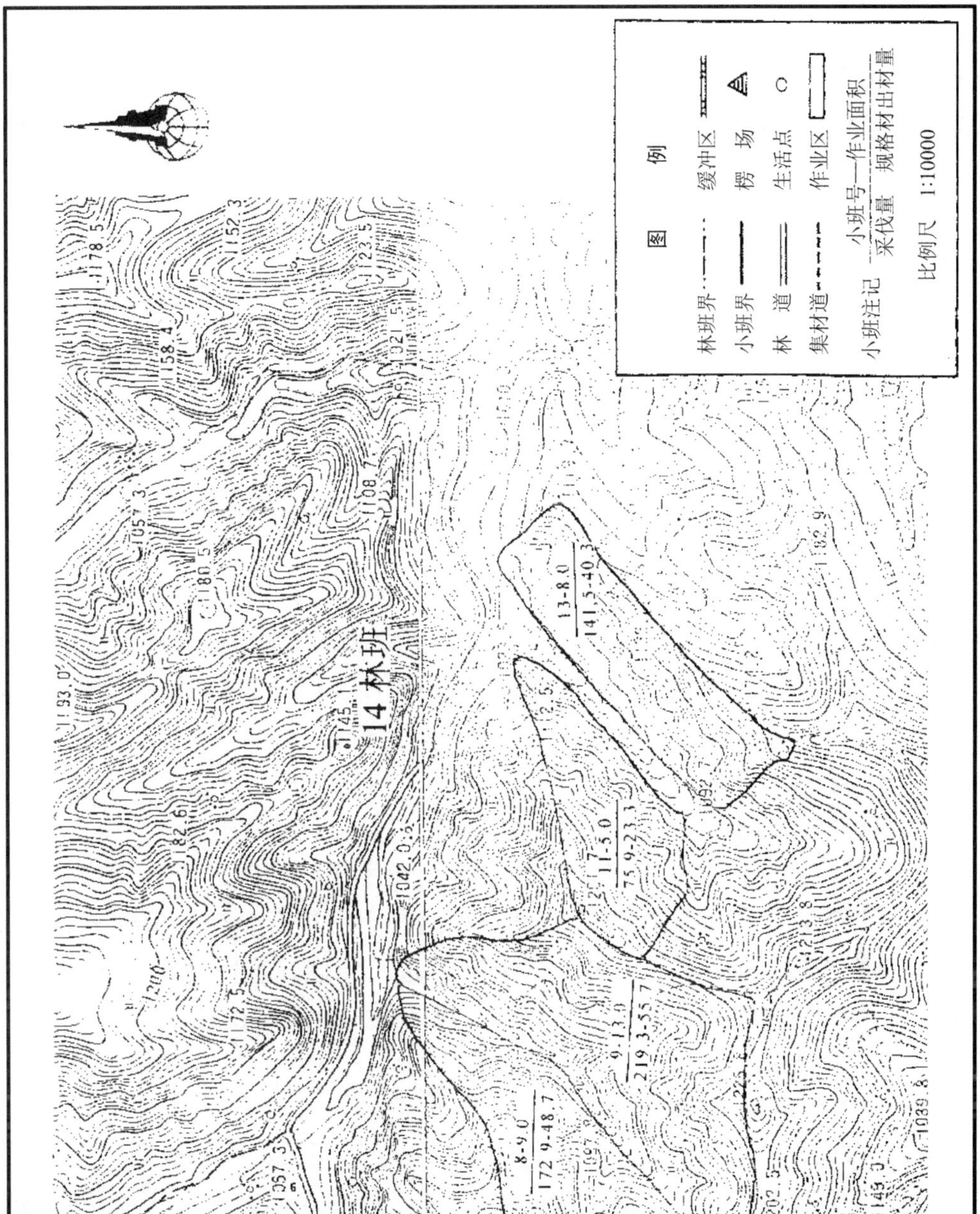

图4-1　中条山国有林管理局祁家河林场2007年度人工林抚育樊家沟伐区作业设计图

育强度：株数强度为 20.0% ~23.9%，蓄积强度 19.0% ~19.5%，消耗蓄积 609.6m^3，生产商品材 340.5 m^3。其中规格材 168.0m^3，非规格材 172.5m^3，生产薪材 31.2 吨，设计作业区保留木林分 C 值 8.6 ~9.0，林木优良率 91.7% ~97.8%，均匀度 76.5% ~86.8%，要求面积作业率为 100%，林分抚育采伐适宜度不低于 95%。

（2）主要技术措施：

①标号：采伐木的确定按照“三砍三留”的原则及“十二字要领”施工法进行选择。对所有选定的采伐木在其胸高处进行划圈标号。

②伐树、打枝、制材：对选择的采伐木进行采伐，要求伐根不得超过 5cm，伐树必须严格按照伐木工艺流程进行，为木材生产的下道工序创造条件。打枝要将伐倒木的全部枝丫从根部开始向梢头依次打枝，应紧贴树干表面进行砍枝。要根据市场需求量树条造材，做到材尽其用，提高出材率。

③集材归楞：采用人力集材的方式进行集材。集材归楞应尽量做到分级归楞，楞高一般为 1 ~2m，楞间距一般为 1 ~1.5m，楞头排列为“长材在前，短材在后，重材在前，轻材在后”，每个楞底均应垫上楞腿。并对所有木材进行检尺登记入薄。

④修枝：修枝时要求切口平滑，防止撕裂树皮，以免影响林木生长。幼龄林修枝高度不超过树高的 1/3，本次设计作业区未设计修枝面积。

⑤清林：将能利用的木材全部运出林地，对伐树制材后不能利用的枝丫、梢木、截头等要求打枝原地平铺，禁止“冲天炮”现象。

（3）附属设施设计：本次设计的作业区内无小溪流，附近无人文保留地等，因此均不设置缓冲区；作业区内现均有林道通过，不需进行新建，但部分路段由于长期闲置，年久失修，损坏较为严重，需要对其进行维修，维修道路为 3 ~4km。楞场设置在靠近作业区的地方面积计约 900m^2；伐区距离居民点较近，无需设置生活点。

（4）注意事项：

①待作业设计批复后，伐区要向社会公示。

②伐区拨交，组织采伐施工以前，由林局主营部门负责伐区拨交。

③作业前，要加强对相关人员的技术培训。技术人员、施工人员要吃透设计精神，明确采伐作业规程要求，严禁盲目施工。

④抚育采伐要求由林场组织自营工队或熟练技术工进行作业，禁止向社会进行承包，禁止由木材经营户持证上山组织采伐。抚育强度不能大于设计强度，抚育采伐后，郁闭度不能低于 0.6，林分 C 值不能小于 8.0。不能造成天窗，严禁超设计强度、超限额、超计划、越界、易地采伐。

⑤作业过程中要坚持以人为本的原则，为作业人员配备必要的劳保用品(如具有安全作用的头盔、颜色醒目的服装等)，加强安全生产，尽量降低劳动强度，防止人身伤害事故。

⑥作业过程中要保证林区卫生，严禁将废弃物丢在林区。

⑦严格执行林区野外用火制度，确保森林资源安全。

（5）施工安排：

①本次设计的作业任务待设计批复后于2007年12月31日前完成采伐作业。作业进度由各林场根据具体情况自行安排。

②本次抚育作业共需用工1848个，作业人员由林场组织自营工队完成，技术员、施工员跟班作业。

5. 效益概算

（1）主要经济指标。本次设计的投资概算使用的经济技术指标主要通过预备作业、市场情况进行测算，具体为：生长伐（生产木材）用工4.8个/m^3，每工50元；作业设施费36元/m^3；物资材料费16元/m^3；运杂费40元/m^3；管理费为总收入的1.5%；育林基金为规格材收入的20%、非规格材收入的10%、薪材收入的5%之和；作业设计费为总收入的3%；不可预见费为总收入的3%。收入根据市场木材价格进行测算，具体为：规格材650元/m^3，非规格材420元/m^3，薪材210元/t。

（2）投资、收益情况分析比较。本次生长伐设计预算投资16.67万元。包括生产工资9.24万元，作业设施费1.15万元，物资材料费0.38万元，运杂费1.54万元，管理费0.28万元，育林基金2.94万元，作业设计费0.56万元，不可预见费0.56万元。收入18.82万元。收资相抵盈2.15万元。

六、人工林抚育采伐作业施工技术方案文本

××林场人工林采伐作业施工技术方案

为保证人工林抚育采伐作业任务的适时完成及质量的达标优良，认真贯彻生态优先、兼顾效益的原则，规范人工林抚育采伐管理，提高采伐施工人员对人工林抚育作业的重要性认识和施工水平，达到科学组织、精心施工；根据国家林业局发布的《森林采伐作业规程》(LY/T1626－2005)及有关规定，结合本单位实际情况，现制定人工林抚育采伐施工方案，望各施工人员严格遵守。

1. 伐区设计情况

根据作业设计和批复，我场本次人工林抚育采伐面积____亩、消耗蓄积____m^3、综合利用率____%，地点在__________管护区，设计划分为______伐区、______伐区，涉及经营区划____林班____小班等，各伐区、小班规定指标详见伐区划拨通知单。

2. 作业期限

自二〇〇　年　月　日至二〇〇　年　月　日止。

3. 组织管理

(1)施工领导、施工组及职责。

××林场成立人工林采伐作业领导组，组长______，成员由____业务场长____、

派出所所长______、技术组长______组成，统管抚育采伐作业的组织管理、人员调配及行政执法工作。

(2)伐区施工管理组人员及职责(分伐区进行填写)。

××伐区施工管理组长______，包片民警______，施工技术员______，检尺员______，标号员______，承包施工负责人______，伐区施工管理组长、包片民警、技术是主要负责伐区的施工准备，施工技术培训，施工采伐技术环节及质量监控，施工数字的统计、汇总、上报。检尺员、标号员具体执行技术规程，按照采伐技术规程施工作业实施标号、检尺。

4. 施工质量保证措施

(1)依据林局对人工林抚育采伐实施管理程序要求，__月__日林场召开专门的工作安排会，组成领导组及施工管理组，制定本场的施工技术方案，伐区向社会公示。

(2)及时组建____人以上施工队，____支队伍，在__月__日前组建完成，并签订施工作业承包合同，同时签订伐区施工人员的责任合同。

(3)集材道、楞场。依据林业主管部门批准的伐区作业设计，在__月__日采伐作业开始前进行修建集材主道(由各伐区施工组长负责实施)，在__月__日开始作业采伐时同时开始集材支道修建。集材支道由采伐领导组具体现场依实情筹划安排。集材道宽不超过5m；影响通行安全的伐根、石块及时清理，领导组届时要进行集材道验收检查。

(4)施工队伍现地培训。在__月__日施工队伍要进入施工现场，在三天内完成生活安置及施工安全和施工质量保证培训，在施工队伍正式采伐作业时，领导组配同伐区施工组长、技术员等人或聘请权威技术人员进行现地施工、标号、检尺技术培训，现地培训时，林局督查员要参加并做好现地技术服务指导。

(5)签发上岗证及施工实施令。林场领导组汇同林局督查员在完成现场培训的基础上，向责任人、施工人签发上岗证，在验收检查主集材道完成情况、生活条件、安全条件及物质保证条件到位的基础上下达采伐作业开工令。

5. 主要技术环节要求

(1)标号：采伐木的确定按照“三砍三留”的原则及林木间距定量 C 值进行选择。对所有选定的采伐木在其胸高处进行横线标号。边界木的标号在朝向伐区的边界木胸高处划竖线标号，每隔1~2株标一株。

(2)伐树、打枝、制材：对倒木要求伐根不得超过5cm，按技术培训要求控制树倒方向，严控搭挂树和损毁幼树的现象发生。打枝要将伐倒木的全部枝丫从根部开始向梢头依次打枝，紧贴树干砍枝。根据市场需求量树干造材，做到材尽其用，提高出材率。

(3)集材归楞：根据本场的条件，采用人力集材的方式进行集材，分制材的材种规格归楞，高一般为1～2m，楞间距一般为1～1.5m，楞头排列为“长材在前，短材在后，重材在前，轻材在后”，每个楞底均应垫上楞腿。并对所有木材进行检尺登记入簿。

(4)修枝：对需要抚育的保留木进行修枝，修枝时要求切口平滑，防止撕裂树皮，以免影响林木生长。幼龄林修枝高度不超过树高的1/3，本次设计的采伐作业区修枝林分地块较少，具体地段由伐区技术员对施工人进行具体的施工安排及登记。

(5)清林：将能利用的木材全部运出林地，对伐树制材后不能利用的枝桠、梢木、截头等按要求进行平铺，确保林地施工质量。

6. 注意事项

(1)作业前，在加强对相关人员的技术培训时，技术人员、施工人员掌握研究设计及有关技术资料精神，明确采伐作业规程要求；保证作业人员要掌握操作要领，精心施工。严禁盲目施工，违规作业，杜绝发生意外事故。

(2)作业中的标号要现地检尺，当天计算标号采伐树木的蓄积，认真按设计进行逐小班核对，及时向领导组报告施工质量及限额监控情况。

(3)作业过程中要坚持以人为本的原则，为作业人员配备必要的劳保用品(如具有安全作用的头盔、颜色醒目的服装等)，加强安全生产，尽量降低劳动强度，防止人身伤害事故。

(4)作业过程中要保证林区卫生，严禁将废弃物丢在林区。

(5)严格执行林区野外用火制度，确保森林资源安全。

(6)要尊重林局督查员在现地督查意见和技术指导意见。

(7)作好采伐区施工管理技术材料整理，保证档案资料的完整齐全。

附件：a. 各项工作用表

中条山国有林管理局人工林抚育采伐标号野账

林场：　　　　　　　　时间：　　　　年　　月　　日　　　　　　单位：cm、m、m^3

树种	胸径	标注	株数	平均树高	蓄积
合计		平均胸径			

标号：　　　　　　　　　　　　　　核实人：

中条山国有林管理局人工林抚育采伐标号逐日统计表

单位： 林场： 林班： 小班 单位：cm、m、m^3

日期	标号员	标号情况				
		树种	株数	平均胸径	蓄积	累计

统计人： 审核人： 日期：

中条山国有林管理局人工林抚育采伐检尺野账

单位： 林场： 林班： 小班

单位：cm、m、m^3

规格	标注	件数	材积
合计			

统计人： 审核人： 日期：

中条山国有林管理局人工林抚育采伐生产进度报表

单位： 单位：cm、m、m^3

林班	小班	批复面积	批复消耗蓄积	完成面积	采伐树种	采伐株数	采伐蓄积	生产规格材	非规程材	累计完成			
										面积	蓄积	规格材	非规格材

统计人： 审核人： 日期：

中条山国有林管理局人工林抚育采伐木材出、入库登记表

单位：　　　　　　　　　　　　　　　　　　　　　　单位：cm、m、m^3

日期	检尺员	规格	件数	材积	备注（标明出、入库）
合计					

统计人：　　　　　　　　　　　　审核人：

中条山国有林管理局人工林抚育采伐作业林场验收报告单

单位	
作业项目	
验收地点	
验收情况	

负责人：　　　　　　　　　　验收员：　　　　　　　　日期：

b. 各项责任状

××林场二〇〇__ 年人工林抚育采伐安全、防火合同

为了保证我场200　年人工商品林采伐顺利实施，特与相关人员签订安全、防火合同：

1. 合理组织人员按照作业设计、施工方案要求的各项技术标准进行施工。
2. 必须服从施工员的指挥与安排，不得无组织无纪律采伐作业，避免造成不必要的伤害。
3. 作业时严格安全作业程序，保证施工人员安全生产。
4. 严格野外用火制度，保证施工中野外不随意用火、吸烟。
5. 施工过程中因违规违法造成的一切伤亡事故由其本人负责。
6. 引起火灾造成森林资源破坏的，要追究其法律责任。

林　　场：

作业人员：

二〇〇　年　月　日

××林场二〇〇__年人工林抚育采伐区施工组长责任状

为改善林分质量，提高林地生产力，总结人工林抚育采伐利用的经验和教训，特与______伐区施工组长签订此责任状：

1. 严格按照作业设计及批复、编制的施工方案等资料组织施工。

2. 明确作业区边界，保证不越界作业。

3. 搞好本伐区技术、安全培训、指导，实行采伐木标号、检尺作业法，保证不超限额采伐，安全施工，遵守作业规程。

4. 严格作业时间，保证在____年__月__日前完成采伐任务。

5. 严格安全作业，保证施工人员安全生产。

6. 以人为本，做好本伐区安全防火工作，主要包括人身和生产安全及森林资源安全工作。

7. 凡造成乱砍滥伐和超限额采伐的，要追究伐区组长责任，情节严重造成森林资源破坏的，要追究其法律责任。

8. 施工期间，要坚守工地进行监督、检查，发现问题及时汇报、解决。

场长：　　　　　　　　　　　　　　　　施工组长：

二〇〇　年　月　日

××林场二〇〇__年人工林抚育采伐区包片公安干警责任状

为确保人工林抚育采伐工作的顺利实施，现结合林场实际情况，特与____伐区包片公安干警签订此责任状。

1. 负责对人工林抚育采伐地点的施工执法、安全监督检查，确保本伐区施工中的执法环节和施工安全。

2. 负责伐区施工界线监控、施工安全操作，发现问题及时执法处理、汇报。

3. 负责对野外火源的监管，确保野外生产、生活用火安全。

4. 负责对机动车辆的管理，确保安全行驶、合法运输。

5. 加大对破坏森林资源违法犯罪分子的打击力度，确保人工林抚育采伐工作的正常进行和国有森林资源安全。

6. 因工作失职或监管不到位，致使人工林抚育采伐工作中出现偷砍乱伐或意外事故，要追究其责任。

场长：　　　　　　____伐区包片公安干警：

二〇〇　年　月　日

××林场二〇〇__年人工林抚育采伐区技术员责任状

为改善林分质量，提高林地生产力，提高施工效果，特与____伐区技术人员签订此责任状：

1. 严格按照作业设计批复、采伐证、编制的施工方案，协助施工组长搞好人工林抚育中的技术培训及施工指导，确保完成施工任务。

2. 严格采伐木标号、检尺作业程序，熟练掌握各项技术标准，监控采伐限额的执行情况。

3. 严格执行施工方案中要求的技术标准，及时收集生产施工资料，并及时统计、上报。

4. 以人为本，配合做好伐区的安全防火工作，主要包括人身和生产安全及森林资源安全工作。

5. 凡造成乱砍滥伐和超限额采伐的，要追究伐区技术人员的责任，情节严重造成森林资源破坏的，要追究其法律责任。

6. 施工期间，要经常坚守工地进行监督、检查，发现问题及时汇报。

场长：　　　　　　　　　　　　施工技术员：

二〇〇　年　月　日

××林场二〇〇__年人工林抚育采伐施工员责任状

为确保____年度人工林抚育采伐工作的顺利完成，特与____伐区施工员签订此责任状。

1. 合理组织人员，严格执照作业设计和施工方案制定的各项技术标准进行施工。

2. 严格作业区边界，保证不越界作业。

3. 严格采伐木标号作业，保证不采伐未标号树木。

4. 严格作业时间，保证在____年____月__日前完成本次采伐任务。

5. 施工员在施工期间要保证全天跟班作业，施工中搞好施工指导和监督，发现问题要及时解决。

6. 安全生产、文明施工，保证本次采伐安全、顺利完成生产任务。

7. 严格执行野外用火制度，严控施工人员施工中不随意用火、吸烟。

8. 凡造成乱砍滥伐和超限额采伐的，要追究施工人员的责任，情节严重造成森林资源破坏的，要追究其法律责任。

场长：　　　　　　　　　　　　______伐区施工员：

二〇〇　年　月　日

××林场二〇〇__年人工林抚育采伐标号员责任状

为改善林分质量，提高林地生产力，特与____伐区标号员签订此责任状。

1. 作业区域：__林班____小班，面积____亩，消耗蓄积____m^3。

2. 按施工组长的指引标注伐区界限。

3. 严格按作业设计、人工林抚育培训资料和施工方案的技术要求，合理确定采伐木，确保每个伐区采伐量不超批复指标；要严格执行人工林抚育采伐中“三砍三留”原则，及“十二字要领”施工法，确保生产作业质量。

4. 标号员对每天标号木的野账记录及时报送伐区施工组长。

5. 必须跟班作业，严禁越界标号、违规标号。

6. 若因失职造成违规违法采伐的，要追究标号员的责任，情节严重造成森林资源破坏的，要追究其法律责任。

7. 协助施工组搞好安全防火工作，主要是人身和资源安全。

场长： ______伐区标号员：

二〇〇 年 月 日

××林场二〇〇__年人工林抚育采伐施工队责任状

为改善林分质量，提高林地生产力，确保人工林抚育采伐质量及施工安全，特与____施工队签订此责任状。

1. 作业指标：__林班____小班，面积____亩，消耗蓄积____m^3，生产规格__m^3，非规格材____m^3，薪材____吨。

2. 施工队必须严格按照施工方案的要求进行作业，严禁不合格人员上岗。

3. 施工队在施工过程中，只能采伐标号木，禁止采伐未标号木，采伐作业必须在____年__月__日前完成。

4. 整个作业过程中自觉接受林场有关人员的监督、检查。

5. 从修路、采伐木材、木材集运到指定地点，及采伐结束后抚育质量通过林场检查验收，林场按每立方米____元支付施工队工资。

6. 施工队要守规施工、安全施工，凡采伐、集运过程中出现的一切违规违法后果，责任自负，林场概不负责。

7. 严格野外用火制度，严禁施工过程中的随意用火，防止森林火灾发生。

场长： ______伐区施工队负责人：

二〇〇 年 月 日

××林场二〇〇__年人工林抚育采伐检尺员责任状

为确保人工林抚育工作的顺利进行及各项数据的真实性，特与__________伐区检尺员签订此责任状。

1. 作业区域：__林班__小班，面积__亩，消耗蓄积____m^3。

2. 严格按照森林采伐作业规程中的原木检尺方法对制材后的树木进行检尺，认真登记。

3. 严格执行出、入库制度。

4. 若因失职造成损失，要追究检尺员的责任，情节严重的，要追究其法律责任。

5. 协助施工员搞好安全防火工作，主要是人身和资源安全工作。

场长：　　　　　　　　　　　　　　______ 伐区检尺员：

二〇〇　年　月　日

七、人工林抚育采伐质量检查验收文本

关于2007年度祁家河林场
人工林抚育采伐工程项目的检查验收报告
（仅供参考）

根据中林资字[2008]第4号文件通知精神，林局检查组于10月7日至10月9日对祁家河林场2007年度人工林抚育采伐项目进行了检查验收。

1. 检查概况

检查组到林场后，首先听取了林场的工作汇报，查阅了全部档案资料，随后分管理质量、林地作业质量、资源利用、林地保护四项进行了检查验收。在验收完成之后，将验收结果及存在的主要问题向林场进行了反馈。

2. 检查验收方法

依据林局人工林抚育采伐项目的《检查验收方案》和《中条山国有林管理局人工林抚育采伐“十二字要领”施工法》。对施工单位的人工林抚育采伐伐区采取线路查验和长条形样地调查相结合的办法进行验收。线路查验主要是调查施工管理因子，如：面积完成率、有无超界、林地伐桩高低、有无采伐丢件、林地卫生清理等。样地查验主要是检查林地抚育质量中的保留木的优良率、均匀度、适宜度、林木采伐强度等。验收标准是：每个伐区设1～2个线路调查，踏查面积在30%以上，样地调查采取抽查小班的形式，抽查面积在50%以上，所抽查小班按大小及林地类型设1～2块长条形样地调查。

3. 检查验收结果（详见附表38～48）

（1）任务完成情况（20分）。祁家河林场2007年度抚育采伐设计面积35hm^2、消耗蓄积609.6m^3，全场的抚育采伐面积完成35hm^2，完成率为100%，蓄积消耗完成592.5m^2完成率为97.2%，检查评分20分，评定为合格。

（2）档案检查（10分）。各项资料齐全，入档规范，检查评分10分，验收合格。

（3）林地施工质量（50分）。林场在项目的林地质量管理方面比较规范，在项目实施过程中建立了各项规章制度和管理组织，制定了详细的施工方案，实行了明确的责任制管理，主要领导干部、技术负责人均深入一线，坚守施工现场，全场安全无事故。在资料管理，执行施工方案、标号、检尺上能按规定要求进行。

在林地作业质量上，综合评分46分，验收合格，但林地抚育强度还是偏小，且

林地抚育不均匀，特别是径阶较小的林分团块抚育强度不达要求，并有不合格伐根。

（4）资源利用(10 分)。在资源利用方面评分为 7 分，验收不达标，在林地内有采伐丢件。

（5）林地保护(10 分)。在伐后林地保护项方面，林地施工、生活、生产区全部清理，卫生达标，且有管护措施，有封禁牛、羊进入林地标志。检查评分 10 分。

4. 建　议

（1）在以后的组织施工中一定要抓好施工技术培训工作及组织管理工作，特别是采伐工艺培训和指导，保证全林施工质量。

（2）加强对施工人员的培训工作，理解和领会林分疏密度“*C*”值在林分经营活动中运用的科学性，使施工人员能确实把握好采伐标号、检尺的技术环节，保证伐区的均匀度、适宜度，保证保留木的优良率。

（3）林地资源是宝贵而有限的，结合林场的实际情况，计划和安排好人工林抚育采伐生产任务，科学地组织施工，力求全林高质量作业。通过技术标准的严格执行，即培育出良好的后备资源，又获得较好的经济效益。

中条山国有林管理局检查组：武耀成

程栓金

任么秀

2008 年 10 月 9 日

附　　表

附表 1　林分抚育采伐作业设计样地林木检测表

伐区　　　　　　林班　　　　　　小班　　　　　　样带号　　　　　　　　　　　　　　单位：cm、m

序号	主测木		后相邻木			前相邻木			左相邻木				右相邻木				主测木	采伐木		不良木
	D	树种	*d*	*L*	*C*	*d*	*L*	*C*	*d*	*L*	*C*	树种	*d*	*L*	*C*	树种	*C*	*d*	树种	株
1																				
2																				
3																				
4																				
5																				
6																				
7																				
8																				
9																				
10																				
11																				
12																				
13																				
14																				
15																				
16																				
17																				
18																				
19																				
20																				
21																				
22																				
23																				
$\sum$																				
径阶																				
树高																				

样地数值	1. 样带长：	宽：　　m　　面积：　　m^2
	2. 调查林木：	总计：　　株　　其中：主测木　　株，　左邻木　　株，　右邻木　　株。
	3. 伐前因子：	树种组成：　　优势树种：平均胸径：　　cm　　平均树高：　　m
		林木株数：　　林木蓄积：　　m^3
	4. 伐后因子：	树种组成：　　优势树种：平均胸径：　　cm　　平均树高：　　m
		样木株数：　　样木蓄积：　　m^3　　样地林分 C 值：
		主测木蓄积：　　m^3　　左邻木蓄积：　　m^3　　右邻木蓄积：　　m^3
	5. 采伐木：	株数：　　株，　蓄积　　m^3。

调查人员：　　　　　　　　　　　　　　　调查日期：

附表 2 林分抚育采伐作业设计样地情况确定表

林场：

基本情况	林班：		小班：		样地号：		
	样地位置：	横坐标：		纵坐标：		样地设置：	
	海拔：		坡向：		坡度		
	水土条件		地貌：		作业面积：		
	起源：		林龄：		树种组成：		
林分因子	标准 C 值范围为 8 ~ 10						
	1. 样地林木株数： 株，其中优良木株数： 株 2. 确定样地内样木株数： 株 以标准 C 值和树种地位确定采伐木： 株 采伐蓄积： m^3 伐后平均胸径： cm 平均树高： m 3. 采伐后样地主测木： 株 标准 C 值木 株 伐后样木蓄积： m^3 林分 C 值： 4. 伐前样地平均胸径： cm 株数： 株 蓄积： m^3						
调查结果	1. 样地长： m 计算确定样地宽： m 样地面积： m^2 2. 样地采伐株数强度： % 蓄积强度： % 伐后林木优良率： % 均匀度： % 3. 林分特征：						

调查人员： 调查日期：

附表 3　林分抚育采伐作业设计样地造材登记表

（乡镇）林场　　　林班（村）　　　小班　　　样地号　　　样地面积　　亩

树种	砍伐木蓄积	材种			长度（m）	小头直径（cm）	根数	出材（m^3、吨）	调查结论（m、吨、%）
油松		出材量	商品材	规格材					砍伐木蓄积： 商品材出材量： 规格材出材量：
				非规格材					非规格材出材量： 薪材： 废材： 规格材出材率： 综合利用率：
			其他	薪材					分树种：
				废材					油松
		出材量	商品材	规格材					砍伐木蓄积： 商品材出材量： 规格材出材量：
				非规格材					非规格材出材量： 薪材： 废材： 砍伐木蓄积：
			其他	薪材					商品材出材量： 规格材出材量：
				废材					非规格材出材量：
		出材量	商品材	规格材					薪材： 废材：
				非规格材					砍伐木蓄积： 商品材出材量： 规格材出材量： 非规格材出材量： 薪材：
			其他	薪材					废材：
				废材					

造材：　　　记录：　　　计算：　　　调查时间：

附表4 林分抚育采伐作业设计一览表

林场　　　　　　　　　　　　　　　　单位：hm^2、cm、m、m^3、%、工日、元、株/hm^2、m^3/hm^2、t

林班号（村）	小班号	小班面积	作业面积	抚育后林分因子									采伐量		抚育强度（%）		出材量				规格材出材率	综合利用率	用工量	投资概算	林权证号
				树种组成	林龄	公顷株树	平均胸径	平均树高	公顷蓄积	林木优良率	均匀度	林分C值	株数	蓄积	株树	蓄积	商品材			薪材					
																	合计	规格材出材量	非规格材						

汇总：　　　　　　　　　　　　　　　　　　复核：

附表 5　林分抚育采伐作业设计样地调查资料汇总表

林场

<table>
<tr><th rowspan="3">林班号（村）</th><th rowspan="3">小班号</th><th rowspan="3">标准地号</th><th colspan="5">抚育前平均因子</th><th colspan="9">抚育后平均因子</th><th colspan="2">采伐量</th><th colspan="2">采伐强度</th><th colspan="4">出材量</th><th rowspan="3">规格材出材率</th><th rowspan="3">综合利用率</th></tr>
<tr><th rowspan="2">树种组成</th><th rowspan="2">林龄</th><th rowspan="2">公顷株数</th><th rowspan="2">平均胸径</th><th rowspan="2">公顷蓄积</th><th rowspan="2">树种组成</th><th rowspan="2">林龄</th><th rowspan="2">公顷株数</th><th rowspan="2">平均胸径</th><th rowspan="2">平均树高</th><th rowspan="2">公顷蓄积</th><th rowspan="2">林木优良率</th><th rowspan="2">均匀度</th><th rowspan="2">林分C值</th><th rowspan="2">株数</th><th rowspan="2">蓄积</th><th rowspan="2">株数</th><th rowspan="2">蓄积</th><th colspan="3">商品材</th><th rowspan="2">薪材</th></tr>
<tr><th>合计</th><th>规格材出材量</th><th>非规格材出材量</th></tr>
<tr><td></td><td></td><td></td><td></td><td></td><td></td><td></td><td></td><td></td><td></td><td></td><td></td><td></td><td></td><td></td><td></td><td></td><td></td><td></td><td></td><td></td><td></td><td></td><td></td><td></td><td></td><td></td></tr>
<tr><td></td><td></td><td></td><td></td><td></td><td></td><td></td><td></td><td></td><td></td><td></td><td></td><td></td><td></td><td></td><td></td><td></td><td></td><td></td><td></td><td></td><td></td><td></td><td></td><td></td><td></td><td></td></tr>
<tr><td></td><td></td><td></td><td></td><td></td><td></td><td></td><td></td><td></td><td></td><td></td><td></td><td></td><td></td><td></td><td></td><td></td><td></td><td></td><td></td><td></td><td></td><td></td><td></td><td></td><td></td><td></td></tr>
<tr><td></td><td></td><td></td><td></td><td></td><td></td><td></td><td></td><td></td><td></td><td></td><td></td><td></td><td></td><td></td><td></td><td></td><td></td><td></td><td></td><td></td><td></td><td></td><td></td><td></td><td></td><td></td></tr>
<tr><td></td><td></td><td></td><td></td><td></td><td></td><td></td><td></td><td></td><td></td><td></td><td></td><td></td><td></td><td></td><td></td><td></td><td></td><td></td><td></td><td></td><td></td><td></td><td></td><td></td><td></td><td></td></tr>
</table>

汇总：　　　　　　　　　　　　　　　　　　　　　　　　复核：

附表6　抚育采伐作业质量抽查样地林木检测表

伐区　　　　林班　　　　小班　　　　样带号　　　　　　　　　　　　单位:cm、m

序号	主测木		后相邻木			前相邻木			左相邻木				右相邻木				主测木	采伐木	应伐木	不良木
	D	树种	*d*	*L*	*C*	*d*	*L*	*C*	*d*	*L*	*C*	树种	*d*	*L*	*C*	树种	C	株	株	株
1																				
2																				
3																				
4																				
5																				
6																				
7																				
8																				
9																				
10																				
11																				
12																				
13																				
14																				
15																				
16																				
17																				
18																				
19																				
20																				
21																				
22																				
23																				
$\overline{\Sigma}$																				
径阶																				
树高																				

<table>
<tr><td rowspan="7">样地数值</td><td colspan="3">1. 样带长:50m　　宽:　　m　　面积:　　m²</td></tr>
<tr><td rowspan="2">2. 调查林木:</td><td rowspan="2">总计:　　株</td><td>其中:主测木　　株，左邻木　　株，右邻木　　株。</td></tr>
<tr><td>其中:含不良木　　0 株</td></tr>
<tr><td rowspan="3">3. 伐后因子:</td><td colspan="2">树种组成:　　优势树种:　　平均胸径:　　cm　　平均树高:　　m</td></tr>
<tr><td colspan="2">样木株数:　　株，样木蓄积:　　m³　　样地林分 C 值:</td></tr>
<tr><td colspan="2">主测木蓄积:　　m³　　左邻木蓄积:　　m³　　右邻木蓄积:　　m³</td></tr>
<tr><td>4. 样地内:</td><td colspan="2">采伐木株数:　　株，保留应伐木:　　株　　标准 C 值木　　株</td></tr>
</table>

调查人员:　　　　　　　　　　　　　　　　　　　　调查日期:

附表 7　抚育采伐作业质量抽查样地情况确定表

<table>
<tr><td rowspan="5">基本情况</td><td>林场：</td><td></td><td>林班：</td><td></td><td>小班：</td><td></td><td>样地号：</td><td></td></tr>
<tr><td>样地位置：</td><td>横坐标：</td><td></td><td>纵坐标：</td><td></td><td>海拔：</td><td colspan="2">m</td></tr>
<tr><td>样地设置：</td><td></td><td>坡向：</td><td></td><td>坡度：</td><td></td><td>坡位：</td><td></td></tr>
<tr><td>树种组成：</td><td></td><td>林龄：</td><td colspan="2">年</td><td>作业面积：</td><td colspan="2">hm²</td></tr>
<tr><td>林分起源：</td><td></td><td>地貌：</td><td></td><td colspan="4">水土条件：</td></tr>
<tr><td>林分因子</td><td colspan="8">采用标准 C 值为 8，标准 C 值范围为 8 ~ 10
1. 样地林木株数：　　株　　其中优良木株数：　　株
2. 样地内样木株数：　　株　　采伐木：　　株
以标准 C 值和树种地位确定应伐木：　　株
伐后平均树高：　　m　　平均胸径：　　cm
3. 采伐后样地主测木：　　株　　标准 C 值木　　株
伐后样木蓄积：　　m³　　林分 C 值：</td></tr>
<tr><td>调查结果</td><td colspan="8">1. 样地长：　　m　　样地宽：　　m
样地面积：　　m²
2. 伐后林木优良率：　　%　　均匀度：　　%
适宜度：　　%　　采伐株数强度：　　%
3. 线路调查中：面积作业率　　%　　超标伐根：　　个
采伐成品丢件　　件　　可利用丢件　　件
4. 内业检查：档案资料　　消耗限额　　m³，误差　　%
木材生产　　m³　　销售误差　　%
5. 林分特征：</td></tr>
</table>

调查人员：　　　　　　　　　　　　调查日期：

附表8　人工林抚育地块落实表

林场	林班	小班号	林木使用权	起源	林种	树种组成	小班面积	可作业面积	林龄	郁闭度	平均胸径	平均树高	公顷蓄积	林分C值	林权证号

附表9　中条山国有林管理局森林采伐区拨交通知单

中林采拨(200　)第　　号

林场：　　　　　　　　　　　　工队(管护站)

根据(2007)晋林采字第　　号批准的林木采伐许可证,决定在　林班　　小班(东至　　　　,西至　　　　,南至　　　　,北至　　　　)采伐作业任务拨交给你单位,自　　年　月　日至　　年　月　日止实施采伐,作业中要按下列指标控制进行。

采　伐		伐　后	
方　式		保留郁闭度	
面　积		保留株数	株/hm^2
蓄　积		保留蓄积	m^3/hm^2
采伐树种		树种组成	
株树强度		林木优良率	%
蓄积强度		林木均匀度	%
生产规格材		林分C值	
薪　材			
烧　材			
小　杆			
木　炭			
其　它			
总利用率			
说　明			

局资源科(签字)：　　　　设计队人员(签字)：

场　长(签字)：　　　　分管场长(签字)：

技术人员(签字)：　　　　采伐负责人(签字)：

附表10　国有天保区人工林生长抚育作业设计一览表

祁家河林场

林班号（村）	小班号	小班面积（hm^2）	作业面积（hm^2）	抚育后林分因子 树种组成	抚育后林分因子 林龄（年）	抚育后林分因子 公顷株树（株）	抚育后林分因子 平均胸径（cm）	抚育后林分因子 平均树高（m）	抚育后林分因子 公顷蓄积（m^3）	抚育后林分因子 林木优良率（%）	抚育后林分因子 均匀度	抚育后林分因子 林分C值	采伐量 株数（株）	采伐量 蓄积（m^3）	抚育强度（%） 株数	抚育强度（%） 蓄积（m^3）	出材量 商品材 合计	出材量 商品材 规格材出材量（m^3）	出材量 商品材 非规格材（m^3）	出材量 薪材（m^2）	规格材出材率（m^3/hm^2）	综合利用率（%）	用工量（工日）	投资概算（元）	林权证号
合计		35.0	35.0										10081	609.6			340.5	168.0	172.5	31.2			1848		
14	8	9.0	9.0	10油	30	786	17.0	9.0	81.1820	96.3	86.8	9.0	2223	172.9	23.9	19.1	102.6	48.7	53.9	6.9	28.2	65.1	539		0701735
	9	13.0	13.0	10油	35	1128	13.0	8.0	67.7477	97.8	84.6	9.0	4355	219.3	22.9	19.0	113.8	55.7	58.1	13.9	26.9	64.6	642		0701735
	11	5.0	5.0	10油	30	912	13.8	8.0	64.5881	95.3	76.5	8.6	1415	75.9	23.7	19.0	39.9	23.3	16.6	5.5	30.7	62.9	230		0701736
	13	8.0	8.0	10油	35	1043	14.2	8.0	73.0124	91.7	81.9	8.7	2088	141.5	20.0	19.5	84.2	40.3	43.9	4.9	28.5	64.5	437		0701736

汇总：杨东卫　　　　复核：武耀成　　　　2008年1月

附表 11 样地调查资料汇总表

祁家河林场

林班号（村）	小班号	标准地号	抚育前平均因子					抚育后平均因子									采伐量		采伐强度		出材量				规格材出材率（m^3/hm^2）	综合利用率（%）
			树种组成	林龄（年）	公顷株数	平均胸径（cm）	公顷蓄积（m^3）	树种组成	林龄（年）	公顷株数	平均胸径（cm）	平均树高（m）	公顷蓄积（m^3）	林木优良率（%）	均匀度	林分 C 值	株数	蓄积（m^3）	株数	蓄积（m^3）	商品材 合计	商品材 规格材出材量（m^3）	商品材 非规格材出材量（m^3）	薪材（m^3）		
14	8	平均	10 油	30	1033	16.7	100.3887	10 油	30	786	17.0	9.0	81.1820	96.3	86.8	9.0	247	19.2067	23.9	19.1	11.3974	5.4083	5.9891	0.7709	28.2	
		1	10 油	30	1286	13.6	87.6379	10 油	30	981	13.8	9.0	70.7682	95.2	81.3	9.1	305	16.8697	23.7	19.2	9.8681	4.9679	4.9002	1.0288	29.4	
		2	10 油	30	780	19.7	113.1395	10 油	30	591	20.2	9.0	91.5957	97.3	92.3	8.8	189	21.5437	24.2	19.0	12.9267	5.8487	7.0780	0.5130	27.1	
14	9	平均	10 油	35	1463	12.8	83.6735	10 油	35	1128	13.0	8.0	67.7477	97.8	84.6	9.0	335	15.9258	22.9	19.0	8.7595	4.2871	4.4724	1.0722	26.9	
		1	10 油	35	1188	14.2	81.1221	10 油	35	891	14.5	8.0	65.4389	97.5	71.4	8.9	297	15.6832	25.0	19.3	8.4587	3.3102	5.1485	1.2475	21.1	
			10 油	35	1687	12.2	96.0884	10 油	35	1365	12.3	9.0	79.0964	98.0	94.1	9.1	321	16.9920	19.0	17.7	9.7952	5.8153	3.9799	0.5783	34.2	
			10 油	35	1514	11.9	73.8099	10 油	35	1127	12.1	7.0	58.7077	97.8	88.2	9.0	387	15.1021	25.6	20.5	8.0246	3.7359	4.2887	1.3908	24.7	
14	11	1	10 油	30	1195	13.6	79.7642	10 油	30	912	13.8	8.0	64.5881	95.3	76.5	8.6	283	15.1761	23.7	19.0	7.9874	4.6604	3.3270	1.0912	30.7	
14	13	平均	10 油	35	1304	14.1	90.6998	10 油	35	1043	14.2	8.0	73.0124	91.7	81.9	8.7	261	17.6874	20.0	19.5	10.5297	5.0378	5.4920	0.6161	28.5	
		1	10 油	35	1194	14.6	91.7548	10 油	35	1000	14.6	8.0	75.5806	87.5	81.3	8.6	194	16.1742	16.2	17.6	9.8291	5.3452	4.4839	0.5710	33.0	
		2	10 油	35	1414	13.6	89.6447	10 油	35	1086	13.7	8.0	70.4441	95.8	82.4	8.8	328	19.2006	23.2	21.4	11.2303	4.7303	6.5000	0.6612	24.6	

汇总:杨东卫　　复核:武耀成　　2008 年 1 月

附表12 收支概算表

乡镇（林场）	林班号（村）	小班号	作业面积（hm^2）	采伐蓄积（m^3）	生产木材		收入				支出									成本		盈亏情况（元）
					商品材	薪材（m^3）	收入（元）	合计	规格材（元）	非规格材（元）	薪材（元）	合计（元）	生产工资（元）	作业设施费（元）	物资材料费（元）	运杂费（元）	管理费（元）	育林基金（元）	作业设计费（元）	不可预见费（元）	单位成本（元）	
祁家河			35	609.6	340.5	31.2	188202	109200	72450	6552	166734	92400	11553	3852	15402	2823	29412	5646	5646	433	166734	21468
	14	8	9	172.9	102.6	6.9	55742	31655	22638	1449	48794	26950	3374	1125	4498	836	8667	1672	1672	434	48794	6948
		9	13	219.3	113.8	13.9	63526	36205	24402	2919	57385	32100	4010	1337	5346	953	9827	1906	1906	429	57385	6141
		11	5	75.9	39.9	5.5	23272	15145	6972	1155	20850	11500	1433	478	1910	349	3784	698	698	437	20850	2422
		13	8	141.5	84.2	4.9	45662	26195	18438	1029	39705	21850	2736	912	3648	685	7134	1370	1370	435	39705	5957

备注：规格材 650 元/立方米，非规格材 420 元/立方米，薪材 210 元/吨.

附表 13　林分调查样地确定表一

林场:

基本情况	林班:	14	小班:	8	样地号:	1	
	样地位置:	横坐标:		纵坐标:		样地设置:	沿等高线
	海拔:	1100m	坡向:	西	坡度	27°	
	水土条件	较好	地貌:	低山	作业面积:	$9hm^2$	
	起源:	人工	林龄:	30 年	树种组成:	10 油	
林分因子	标准 *C* 值范围为 8 ~ 10 1. 样地林木株数:42 株 其中优良木株数:40 株 2. 确定样地内样木株数:29 株 以标准 *C* 值和树种地位确定采伐木:9 株 采伐蓄积:$0.4985m^3$　伐后平均胸径:13.8cm 平均树高:9m 3. 采伐后样地主测木:16 株　标准 *C* 值木 13 株 伐后样木蓄积:$2.0912m^3$　林分 *C* 值:9.1 4. 伐前样地平均胸径:13.6cm　株数:38 株 蓄积:$2.5897m^3$						
调查结果	1. 样地长:50m　计算确定样地宽:5.91m 样地面积:$295.5m^2$ 2. 样地采伐株数强度:23.7% 蓄积强度:19.2% 伐后林木优良率:95.2 % 均匀度:81.3 % 3. 林分特征:本次小班调查为第二次抚育采伐设计,部分地块为初次抚育,林分团块分布明显,团内密度较大。						

调查人员:武耀成、程栓金、刘飞　　调查日期:2007 年 11 月

附表 14　调查样地林木检测表一

樊家沟　　伐区　　14 林班　　8 小班　　样带号 1　　　　单位:cm、m

序号	主测木		后相邻 1			前相邻 2			左相邻 3				右相邻 4				主测木	采伐木		不良木
	D	树种	d	L	C	d	L	C	d	L	C	树种	d	L	C	树种	C	d	树种	株
1	12	油	16	2.5	11.2	15	2	13.5	9	1.9	8.0	油	11	2.5	9.2	油	10.5			
2	15	油	12	2	13.5	14	4.1	7.1	10	2.8	8.9	油	11	3.5	7.4	油	9.2	10	油	
3	14	油	15	4.1	7.1	17	3.3	9.4	8	2.7	8.1	油	11	2.9	8.0	油	8.2	14	油	
4	17	油	14	3.3	9.4	15	2.4	13.3	20	3.9	9.5	油	13	3.6	8.0	油	10.1	8	油	
5	15	油	17	2.4	13.3	14	3	9.7	14	3.9	8.0	油	18	3	11.0	油	10.5	12	油	
6	14	油	15	3	9.7	10	2.5	9.6	0		8.0	油	10	1.9	12.6	油	10.0			
7	10	油	14	2.5	9.6	13	2.6	8.8	9	2.2	8.6	油	10	2.6	7.7	油	8.7	10	油	
8	13	油	10	2.6	8.8	11	2.6	9.2	10	3.1	7.4	油	12	2.5	10.0	油	8.9	12	油	
9	11	油	13	2.6	9.2	10	2.7	7.8	0		8.0	油	10	1.6	13.1	油	9.5			
10	10	油	11	2.7	7.8	10	3.7	8.0	12	2.5	8.0	油	11	2.4	8.8	油	8.1	9	油	
11	10	油	10	3.7	5.4	14	1.9	12.6	16	2.6	10.0	油	15	3.1	8.0	油	9.0			
12	14	油	10	1.9	12.6	14	5.1	5.5	0		8.0	油	13	3.3	8.2	油	8.6	14	油	
13	14	油	14	5.1	5.5	24	4.9	7.8	0		8.0	油	16	2.5	12.0	油	8.3			
14	24	油	14	4.9	7.8	10	6.1	5.6	11	4	8.8	油	18	4	10.5	油	8.1	19	油	1
15	10	油	24	6.1	5.6	19	2.7	10.7	0		8.0	油	0		8.0	油	8.1			1
16	19	油	10	2.7	10.7	0		8.0	21	2.9	13.8	油	19	5	7.6	油	10.0			
17																				
18																				
19																				
20																				
21																				
22																				
23																				
24																				
25																				
Σ										2.95				2.96			9.1			2
径阶				6	8	10	12	14	16	18	20	22	24	26						
树高				6.0	7.0	8.0	8.0	9.0	9.0	9.0	10.0	10.0	11.0	11.0						

样地数值		
	1. 样带长:	50m　宽:5.91 m　面积:295.5 m^2
	2. 调查林木:	总计:42 株　其中:主测木 16 株,左邻木 11 株,右邻木 15 株。
	3. 伐前因子:	树种组成:10 油　优势树种:　平均胸径:13.6 cm　平均树高:9.0m
		林木株数:38 株,　林木蓄积:　2.5897m^3
	4. 伐后因子:	树种组成:10 油　优势树种:　平均胸径:13.8 cm　平均树高:9m
		样木株数:29 株,　样木蓄积:2.0912m^3　样地林分 C 值:9.1
		主测木蓄积:1.2296 m^3　左邻木蓄积:0.7323 m^3　右邻木蓄积:0.9910 m^3
	5. 采伐木:	株数:9 株,　蓄积 0.4985 m^3。

调查人员:武耀成、程栓金、刘飞　　　　调查日期:2007 年 11 月

附表 15　样地造材登记表一

祁家河(乡镇)林场　　14 林班(村)　　8 小班　　样地号 1　　样地面积 0.44 亩

树种	砍伐木蓄积	材种			长度(m)	小头直径(cm)	根数	出材(m³、吨)	调查结论(m³、吨、%)
油松	0.4985	出材量	商品材	规格材	3	14	1	0.0570	砍伐木蓄积:0.4985
					3	10	2	0.0628	商品材出材量:0.2916
					2	12	1	0.0270	规格材出材量:0.1468
									非规格材出材量:0.1448
				非规格材	2	12	2	0.0540	薪材:0.0304
					2	10	2	0.0388	废材:
					2	8	4	0.0520	规格材出材率:29.4
									综合利用率:67.2
			其他	薪材			10	0.0304	分树种:
									油松
				废材					砍伐木蓄积:0.4985
									商品材出材量:0.2916
		出材量	商品材	规格材					规格材出材量:0.1468
									非规格材出材量:0.1448
									薪材:0.0304
									废材:
				非规格材					
									砍伐木蓄积:
									商品材出材量:
									规格材出材量:
									非规格材出材量:
									薪材:
									废材:
			其他	薪材					砍伐木蓄积:
									商品材出材量:
				废材					规格材出材量:
									非规格材出材量:
		出材量	商品材	规格材					薪材:
									废材:
				非规格材					
			其他	薪材					
				废材					

造材:程栓金　　记录:刘飞　　计算:陈中秋　　调查时间:2007 年 11 月 10 日

附表 16 林分调查样地确定表二

林场：

<table>
<tr><td rowspan="5">基本情况</td><td>林班：</td><td>14</td><td>小班：</td><td>8</td><td>样地号：</td><td>2</td><td></td></tr>
<tr><td>样地位置：</td><td>横坐标：</td><td></td><td>纵坐标：</td><td></td><td>样地设置：</td><td>沿等高线</td></tr>
<tr><td>海拔：</td><td>1000m</td><td>坡向：</td><td>东</td><td>坡度</td><td>24°</td><td></td></tr>
<tr><td>水土条件</td><td>良好</td><td>地貌：</td><td>低山</td><td>作业面积：</td><td>9hm²</td><td></td></tr>
<tr><td>起源：</td><td>人工</td><td>林龄：</td><td>30 年</td><td>树种组成：</td><td>10 油</td><td></td></tr>
<tr><td>林分因子</td><td colspan="7">标准 C 值范围为 8 ~ 10
1. 样地林木株数:37 株
其中优良木株数:36 株
2. 确定样地内样木株数:25 株
以标准 C 值和树种地位确定采伐木:8 株
采伐蓄积:0.9113m³ 伐后平均胸径:20.2cm
平均树高:10m
3. 采伐后样地主测木:13 株 标准 C 值木 12cm
伐后样木蓄积:3.8745m³ 林分 C 值:8.8
4. 伐前样地平均胸径:19.7cm 株数:33 株
蓄积:4.7858m³</td></tr>
<tr><td>调查结果</td><td colspan="7">1. 样地长:50m 计算确定样地宽:8.46m
样地面积:423m²
2. 样地采伐株数强度:24.2% 蓄积强度:19%
伐后林木优良率:97.3 % 均匀度:92.3 %
3. 林分特征:本次小班调查为第二次抚育采伐设计，部分地块为初次抚育，林分团块分布明显，团内密度较大。</td></tr>
</table>

调查人员:武耀成 程栓金 刘飞　　调查日期:2007 年 11 月

附表 17 调查样地林木检测表二

樊家沟　　伐区　　14 林班　　8 小班　　样带号 2　　　　单位:cm、m

序号	主测木		后相邻 1			前相邻 2			左相邻 3				右相邻 4				主测木	采伐木		不良木
	D	树种	d	L	C	d	L	C	d	L	C	树种	d	L	C	树种	C	d	树种	株
1	23	油	21	4.8	9.2	20	5.1	8.4	16	2.3	8.0	油	21	4.3	10.2	油	9.0			
2	20	油	23	5.1	8.4	24	5.8	7.6	0		8.0		23	4.6	9.3	油	8.3	20	油	
3	24	油	20	5.8	7.6	20	4.3	10.2	27	3.9	13.1	油	21	4.9	8.0	油	9.7	17	油	
4	20	油	24	4.3	10.2	18	4.1	9.3	24	4.7	9.4	油	15	3.6	8.0	油	9.2			
5	18	油	20	4.1	9.3	20	3.6	10.6	19	3.9	8.0	油	22	5.1	7.8	油	8.9	8	油	
6	20	油	18	3.6	10.6	17	5.1	7.3	21	5.8	8.0	油	21	5.8	7.1	油	8.2	19	油	
7	17	油	20	5.1	7.3	14	3.5	8.9	25	3.9	10.8	油	18	3.7	9.5	油	9.1			
8	14	油	17	3.5	8.9	16	3.8	7.9	24	2.3	16.5	油	22	6.8	5.3	油	9.6			
9	16	油	14	3.8	7.9	16	3.6	8.9	11	4.8	8.0	油	21	3.3	11.2	油	9.0	21	油	
10	16	油	16	3.6	8.9	16	5.6	8.0	20	3.4	8.0	油	22	4.9	7.8	油	8.2	17	油	
11	16	油	16	5.6	5.7	24	4.3	9.3	17	4.5	7.3	油	24	4.3	8.0	油	7.6	13	油	
12	24	油	16	4.3	9.3	19	4.7	9.1	0		8.0		16	4.4	9.1	油	8.9	20	油	1
13	19	油	24	4.7	9.1	18	5.5	6.7	15	3.3	8.0	油	22	3.7	11.1	油	8.7			
14																				
15																				
16																				
17																				
18																				
19																				
20																				
21																				
22																				
23																				
24																				
25																				
Σ										3.89				4.57			8.8			1
径阶				6	8	10	12	14	16	18	20	22	24	26	28					
树高					7.0	8.0	8.0	9.0	9.0	9.0	10.0	10.0	11.0	11.0	12.0					

样地数值		
	1. 样带长:	50m　宽:8.46 m　面积:423 m^2
	2. 调查林木:	总计:37 株　其中:主测木 13 株,左邻木 11 株,右邻木 13 株。
	3. 伐前因子:	树种组成:10 油　优势树种:　平均胸径:19.7 cm　平均树高:10.0m
		林木株数:33 株,　林木蓄积:　4.7858m^3
	4. 伐后因子:	树种组成:10 油　优势树种:　平均胸径:20.2 cm　平均树高:10.0m
		样木株数:25 株,　样木蓄积:3.8745m^3　样地林分 C 值:8.8
		主测木蓄积:1.8701 m^3　左邻木蓄积:1.8311m^3　右邻木蓄积:2.1776 m^3
	5. 采伐木:	株数:8 株,　蓄积 0.9113m^3。

调查人员:武耀成、程栓金、刘飞　　　　调查日期:2007 年 11 月

附表18 样地造材登记表二

祁家河(乡镇)林场 14林班(村) 8小班 样地号1 样地面积0.63亩

树种	砍伐木蓄积	材种			长度(m)	小头直径(cm)	根数	出材(m^3、吨)	调查结论(m^3、吨、%)
油松	0.9113	出材量	商品材	规格材	4	14	2	0.1608	砍伐木蓄积:0.9113 商品材出材量:0.5468 规格材出材量:0.2474 非规格材出材量:0.2994 薪材:0.0217 废材: 规格材出材率:27.1 综合利用率:63.4 分树种: 油松
					3	12	2	0.0866	
				非规格材	3	12	4	0.1732	
					2	10	4	0.0776	
					2.4	8	3	0.0486	
			其他	薪材			10	0.0217	
				废材					
		出材量	商品材	规格材					砍伐木蓄积:0.9113 商品材出材量:0.5468 规格材出材量:0.2474 非规格材出材量:0.2994 薪材:0.0217 废材: 砍伐木蓄积: 商品材出材量: 规格材出材量: 非规格材出材量:
				非规格材					
			其他	薪材					
				废材					
		出材量	商品材	规格材					薪材: 废材: 砍伐木蓄积: 商品材出材量: 规格材出材量: 非规格材出材量: 薪材: 废材:
				非规格材					
			其他	薪材					
				废材					

造材:程栓金 记录:刘飞 计算:陈中秋 调查时间:2007年11月10日

附表 19　林分调查样地确定表三

林场：

<table>
<tr><td rowspan="5">基本情况</td><td>林班：</td><td>14</td><td>小班：</td><td>9</td><td>样地号：</td><td>1</td><td></td></tr>
<tr><td>样地位置：</td><td>横坐标：</td><td></td><td>纵坐标：</td><td></td><td>样地设置：</td><td>顺坡向</td></tr>
<tr><td>海拔：</td><td>1200m</td><td>坡向：</td><td>北偏西</td><td>坡度</td><td>24°</td><td></td></tr>
<tr><td>水土条件</td><td>中等</td><td>地貌：</td><td>低山</td><td>作业面积：</td><td>13hm²</td><td></td></tr>
<tr><td>起源：</td><td>人工</td><td>林龄：</td><td>35 年</td><td>树种组成：</td><td>10 油</td><td></td></tr>
<tr><td>林分因子</td><td colspan="7">标准 C 值范围为 8 ~ 10
1. 样地林木株数:40 株
其中优良木株数:39 株
2. 确定样地内样木株数:27 株
以标准 C 值和树种地位确定采伐木:9 株
采伐蓄积:0.4752m³　　伐后平均胸径:14.5cm
平均树高:8m
3. 采伐后样地主测木:1 株　　标准 C 值木 11 株
伐后样木蓄积:1.9828m³　　林分 C 值:8.9
4. 伐前样地平均胸径:14cm　　株数:36 株
蓄积:2.458m³</td></tr>
<tr><td>调查结果</td><td colspan="7">1. 样地长:50m　　计算确定样地宽:6.06m
样地面积:303m²
2. 样地采伐株数强度:25% 蓄积强度:19.3%
伐后林木优良率:97.5 % 均匀度:78.6 %
3. 林分特征:本次小班调查为第二次抚育采伐设计,部分地块为初次抚育,林分团块分布明显,团内林木分化严重。</td></tr>
</table>

调查人员:武耀成、程栓金、刘飞　　调查日期:2007 年 11 月

附表 20 调查样地林木检测表三

樊家沟 伐区 14 林班 9 小班 样带号 1 单位:cm、m

序号	主测木		后相邻 1			前相邻 2			左相邻 3				右相邻 4				主测木	采伐木		不良木
	D	树种	*d*	*L*	*C*	*d*	*L*	*C*	*d*	*L*	*C*	树种	*d*	*L*	*C*	树种	*C*	*d*	树种	株
1	17	油	18	4	8.8	9	2.8	9.3	16	3.7	8.9	油	16	3.3	10.0	油	9.2	10	油	
2	9	油	17	2.8	9.3	10	2.5	7.6	9	1.8	10.0	油	13	2.1	10.5	油	9.3	13	油	
3	10	油	9	2.5	7.6	10	2.9	6.9	10	2.5	8.0	油	14	5.3	4.5	油	6.8			
4	10	油	10	2.9	6.9	25	4.2	8.3	8	1.9	9.5	油	15	4	6.3	油	7.7	8	油	
5	25	油	8	4.2	7.9	11	2.9	12.4	10	3.6	9.7	油	10	2.8	12.5	油	10.6	14	油	
6	11	油	25	2.9	12.4	12	4.5	5.1	8	1.8	10.6	油	17	4.6	6.1	油	8.5	13	油	
7	12	油	11	4.5	5.1	12	4	6.0	13	1.8	13.9	油	19	2.8	11.1	油	9.0	13	油	
8	12	油	12	4	6.0	18	3.2	9.4	13	2.4	10.4	油	21	4.9	6.7	油	8.1	14	油	
9	18	油	12	3.2	9.4	10	4.1	6.8	13	3.2	9.7	油	13	2.9	10.7	油	9.1	12	油	
10	10	油	13	4.1	5.6	0		8.0	0		8.0		20	2.3	13.0	油	8.7			
11	11	油	0		8.0	23	3.4	10.0	10	1.8	11.7	油	0		8.0		9.4			
12	23	油	11	3.4	10.0	8	3.3	9.4	17	4.1	9.8	油	14	2.9	12.8	油	10.5			
13	8	油	23	3.3	9.4	9	2.5	6.8	20	2.6	10.8	油	26	5.4	6.3	油	8.3	16	油	
14	9	油	8	2.5	6.8	14	2.4	9.6	10	2.1	9.0	油	10	2.2	8.6	油	8.5			1
15																				
16																				
17																				
18																				
19																				
20																				
21																				
22																				
23																				
24																				
25																				
Σ										2.56				3.50			8.9			1
径阶				6	8	10	12	14	16	18	20	22	24	26	28					
树高				5.0	6.0	7.0	7.0	8.0	8.0	9.0	9.0	10.0	10.0	11.0	11.0					

样地数值		
	1. 样带长:	50m 宽:6.06 m 面积:303 m^2
	2. 调查林木:	总计:40 株 其中:主测木 14 株,左邻木 13 株,右邻木 13 株。
	3. 伐前因子:	树种组成:10 油 优势树种: 平均胸径:14.5 cm 平均树高:8.0m
		林木株数:36 株, 林木蓄积: 2.4580m^3
	4. 伐后因子:	树种组成:10 油 优势树种: 平均胸径:14.5 cm 平均树高:8.0m
		样木株数:27 株, 样木蓄积:1.9828m^3 样地林分 C 值:8.9
		主测木蓄积:1.0020 m^3 左邻木蓄积:0.6813m^3 右邻木蓄积:1.2803 m^3
	5. 采伐木:	株数:9 株, 蓄积 0.4752m^3。

调查人员:武耀成、程栓金、刘飞 调查日期:2007 年 11 月

附表 21 样地造材登记表三

祁家河(乡镇)林场 14 林班(村) 9 小班 样地号 1 样地面积 0.45 亩

树种	砍伐木蓄积	材种			长度(m)	小头直径(cm)	根数	出材(m^3、吨)	调查结论(m^3、吨、%)
油松	0.4752	出材量	商品材	规格材	3	14	1	0.0570	砍伐木蓄积:0.4752
					3	12	1	0.0433	商品材出材量:0.2563
									规格材出材量:0.1003
									非规格材出材量:0.1560
				非规格材	4	6	2	0.0402	薪材:0.0378
					2	10	3	0.0582	废材:
					2	8	2	0.0260	规格材出材率:21.1
					2	6	4	0.0316	综合利用率:65.3
			其他	薪材			9	0.0378	
									分树种:
				废材					
									油松
		出材量	商品材	规格材					砍伐木蓄积:0.4752
									商品材出材量:0.2563
									规格材出材量:0.1003
									非规格材出材量:0.1560
				非规格材					薪材:0.0378
									废材:
									砍伐木蓄积:
									商品材出材量:
									规格材出材量:
									非规格材出材量:
									薪材:
			其他	薪材					废材:
				废材					
		出材量	商品材	规格材					
									砍伐木蓄积:
									商品材出材量:
									规格材出材量:
				非规格材					非规格材出材量:
									薪材:
									废材:
			其他	薪材					
				废材					

造材:程栓金 记录:刘飞 计算:陈中秋 调查时间:2007 年 11 月 10 日

附表 22　林分调查样地确定表四

林场：

基本情况	林班：	14	小班：	9	样地号：	2	
	样地位置：	横坐标：		纵坐标：		样地设置：	斜坡向
	海拔：	1100m	坡向：	北	坡度	27°	
	水土条件	中等	地貌：	低山	作业面积：	$13hm^2$	
	起源：	人工	林龄：	35 年	树种组成：	10 油	

林分因子

标准 C 值范围为 8～10

1. 样地林木株数:51 株

   其中优良木株数:50 株

2. 确定样地内样木株数:34 株

   以标准 C 值和树种地位确定采伐木:8 株

   采伐蓄积:$0.4231m^3$　　伐后平均胸径:12.3cm

   平均树高:9m

3. 采伐后样地主测木:17 株　　标准 C 值木 16 株

   伐后样木蓄积:$1.9695m^3$　　林分 C 值:9.1

4. 伐前样地平均胸径:12.2cm　　株数:42 株

   蓄积:$2.3926m^3$

调查结果

1. 样地长:50m　　计算确定样地宽:4.98m

   样地面积:$249m^2$

2. 样地采伐株数强度:19% 蓄积强度:17.7%

   伐后林木优良率:98.0 % 均匀度:94.1 %

3. 林分特征:本次小班调查为第二次抚育采伐设计,林木分布均匀,林分密度较大。

调查人员:武耀成、程栓金、刘飞　　调查日期:2007 年 11 月

附表 23　调查样地林木检测表四

樊家沟　　伐区　　14 林班　　9 小班　　样带号 2　　单位:cm、m

序号	主测木		后相邻 1			前相邻 2			左相邻 3				右相邻 4				主测木	采伐木		不良木
	D	树种	*d*	*L*	*C*	*d*	*L*	*C*	*d*	*L*	*C*	树种	*d*	*L*	*C*	树种	*C*	*d*	树种	株
1	17	油	11	2.3	12.2	11	2.8	10.0	12	3.1	9.4	油	10	2.2	12.3	油	11.0			
2	11	油	17	2.8	10.0	14	3.6	6.9	16	2.2	12.3	油	10	2	10.5	油	9.9			
3	14	油	11	3.6	6.9	13	2.9	9.3	11	2.5	10.0	油	10	2.8	8.6	油	8.7	8	油	
4	13	油	14	2.9	9.3	14	3	9.0	9	1.9	11.6	油	17	3.6	8.3	油	9.6			
5	14	油	13	3	9.0	15	3.3	8.8	10	2.1	11.4	油	6	2.3	8.7	油	9.5	14	油	
6	15	油	14	3.3	8.8	9	2.4	10.0	10	2.3	10.9	油	10	2.8	8.9	油	9.6			
7	9	油	15	2.4	10.0	15	3.1	7.7	14	2.3	10.0	油	15	4	6.0	油	8.4	12	油	1
8	15	油	9	3.1	7.7	12	2.8	9.6	6	1.8	11.7	油	15	4	7.5	油	9.1	12	油	
9	12	油	15	2.8	9.6	11	3.1	7.4	10	3	7.3	油	12	2.4	10.0	油	8.6			
10	11	油	12	3.1	7.4	10	3	7.0	12	1.9	12.1	油	13	2.8	8.6	油	8.8	12	油	
11	10	油	11	3	7.0	9	2.9	6.6	9	2.4	7.9	油	11	1.7	12.4	油	8.5	9	油	
12	9	油	10	2.9	6.6	13	3.1	7.1	6	1.7	8.8	油	9	1.5	12.0	油	8.6			
13	13	油	9	3.1	7.1	11	2.7	8.9	14	3.3	8.2	油	11	2.1	11.4	油	8.9			
14	11	油	13	2.7	8.9	11	2.9	7.6	6	1.6	10.6	油	19	2.5	12.0	油	9.8			
15	11	油	11	2.9	7.6	14	4	6.3	14	2.1	11.9	油	17	3.2	8.8	油	8.6	10	油	
16	14	油	11	4	6.3	11	3.6	6.9	11	2.3	10.9	油	20	3.6	9.4	油	8.4			
17	11	油	14	3.6	6.9	15	3.6	7.2	11	2.6	8.5	油	11	2.1	10.5	油	8.3	16	油	
18																				
19																				
20																				
21																				
22																				
23																				
24																				
25																				
Σ										2.30				2.68			9.1			1
径阶				6	8	10	12	14	16	18	20	22								
树高				5.0	7.0	8.0	9	9.0	10	10	10	11								

样地数值		
	1. 样带长:	50m　宽:4.98 m　面积:249 m^2
	2. 调查林木:	总计:51 株　其中:主测木 17 株,左邻木 17 株,右邻木 17 株。
	3. 伐前因子:	树种组成:10 油　优势树种:　平均胸径:12.2 cm　平均树高:9.0m
		林木株数:42 株,　林木蓄积:　2.3926m^3
	4. 伐后因子:	树种组成:10 油　优势树种:　平均胸径:12.3 cm　平均树高:9.0m
		样木株数:34 株,　样木蓄积:1.9695m^3　样地林分 C 值:9.1
		主测木蓄积:1.0187 m^3　左邻木蓄积:0.7584m^3　右邻木蓄积:1.1431 m^3
	5. 采伐木:	株数:8 株,　蓄积 0.4231m^3。

调查人员:武耀成、程栓金、刘飞　　调查日期:2007 年 11 月

附表 24 样地造材登记表四

祁家河(乡镇)林场　　14 林班(村)　　9 小班　　样地号 2　　样地面积 0.37 亩

树种	砍伐木蓄积	材种			长度(m)	小头直径(cm)	根数	出材(m³、吨)	调查结论(m³、吨、%)
油松	0.4231	出材量	商品材	规格材	3	12	2	0.0866	砍伐木蓄积:0.4231 商品材出材量:0.2439 规格材出材量:0.1448 非规格材出材量:0.0991 薪材:0.0144 废材: 规格材出材率:34.2 综合利用率:62.5
					2	10	3	0.0582	
				非规格材	3	6	2	0.0268	
					2.4	8	3	0.0486	
					2	6	3	0.0237	
			其他	薪材			8	0.0144	分树种:
				废材					油松
		出材量	商品材	规格材					砍伐木蓄积:0.4231 商品材出材量:0.2439 规格材出材量:0.1448 非规格材出材量:0.0991 薪材:0.0144 废材:
				非规格材					
			其他	薪材					砍伐木蓄积: 商品材出材量: 规格材出材量: 非规格材出材量: 薪材: 废材:
				废材					
		出材量	商品材	规格材					
				非规格材					砍伐木蓄积: 商品材出材量: 规格材出材量: 非规格材出材量: 薪材: 废材:
			其他	薪材					
				废材					

造材:程栓金　　记录:刘飞　　计算:陈中秋　　调查时间:2007 年 11 月 10 日

附表 25 林分调查样地确定表五

林场:

基本情况	林班:	14	小班:	9	样地号:	3	
	样地位置:	横坐标:		纵坐标:		样地设置:	斜坡向
	海拔:	1100m	坡向:	西	坡度	27°	
	水土条件	中等	地貌:	低山	作业面积:	$13hm^2$	
	起源:	人工	林龄:	35 年	树种组成:	10 油	
林分因子	标准 *C* 值范围为 8 ~ 10 1. 样地林木株数:46 株 其中优良木株数:45 株 2. 确定样地内样木株数:32 株 以标准 C 值和树种地位确定采伐木:11 株 采伐蓄积:$0.4289m^3$ 伐后平均胸径:12.1cm 平均树高:7m 3. 采伐后样地主测木:17 株 标准 C 值木 15 株 伐后样木蓄积:$1.6673m^3$ 林分 C 值:9 4. 伐前样地平均胸径:11.9cm 株数:43 株 蓄积:$2.0962m^3$						
调查结果	1. 样地长:50m 计算确定样地宽:5.67m 样地面积:$284m^2$ 2. 样地采伐株数强度:25.6% 蓄积强度:20.5% 伐后林木优良率:97.8 % 均匀度:88.2 % 3. 林分特征:本次小班调查为第二次抚育采伐设计,林分团块分布明显,团内林木分化严重。						

调查人员:武耀成、程栓金、刘飞 调查日期:2007 年 11 月

附表 26 调查样地林木检测表五

樊家沟　　伐区　　14 林班　　9 小班　　样带号 3　　单位:cm、m

序号	主测木		后相邻 1			前相邻 2			左相邻 3				右相邻 4				主测木	采伐木		不良木
	D	树种	*d*	*L*	*C*	*d*	*L*	*C*	*d*	*L*	*C*	树种	*d*	*L*	*C*	树种	*C*	*d*	树种	株
1	24	油	22	3.9	11.8	10	4.1	8.3	0		8.0		12	3.3	10.9	油	9.7	14	油	
2	10	油	24	4.1	8.3	16	2.4	10.8	8	3.6	5.0	油	17	2.7	10.0	油	8.5	10	油	
3	16	油	10	2.4	10.8	10	2.4	10.8	15	3.8	8.2	油	0		8.0		9.5			
4	10	油	16	2.4	10.8	10	2.7	7.4	7	2.6	6.5	油	0		8.0		8.2			
5	10	油	10	2.7	7.4	14	1.8	13.3	0		8.0		11	2.7	7.8	油	9.1	10	油	
6	14	油	10	2.8	8.6	19	5.2	6.3	11	3.1	8.1	油	10	4.6	5.2	油	7.0	8	油	
7	19	油	14	5.2	6.3	13	3.3	9.7	6	2.7	9.3	油	8	2.7	10.0	油	8.8	16	油	
8	13	油	19	3.3	9.7	11	3.4	7.1	12	2.6	9.6	油	9	2.1	10.5	油	9.2	8	油	
9	11	油	13	3.4	7.1	12	2.1	11.0	0		8.0		14	3.6	6.9	油	8.2	10	油	
10	12	油	11	2.1	11.0	12	2.4	8.0	14	3.7	8.0	油	8	3	6.7	油	8.4	10	油	
11	12	油	12	2.4	10.0	12	2.7	8.9	16	2.4	11.7	油	6	2.2	8.0	油	9.6			
12	12	油	12	2.7	8.9	13	2.2	11.4	6	2.9	6.2	油	6	2.3	7.8	油	8.6	8	油	
13	13	油	12	2.2	11.4	14	3.3	8.2	8	3	7.0	油	11	2.7	8.9	油	8.9	10	油	
14	14	油	13	3.3	8.2	8	2.8	7.9	13	2.7	10.0	油	6	2.3	8.7	油	8.7			
15	8	油	14	2.8	7.9	13	2.1	10.0	6	1.4	10.0	油	12	2.8	7.1	油	8.8			
16	13	油	8	2.1	10.0	14	2.4	11.3	13	3.7	7.0	油	10	2	11.5	油	9.9	14	油	1
17	14	油	13	2.4	11.3	14	2.8	10.0	19	2.1	15.7	油	10	2.8	8.6	油	11.4			
18																				
19																				
20																				
21																				
22																				
23																				
24																				
25																				
Σ										2.88				2.79			9.0			1
径阶				6	8	10	12	14	16	18	20	22	24							
树高				5.0	6.0	7.0	7.0	8.0	8.0	9.0	9.0	10.0	11.0							

样地数值		
	1. 样带长:	50m　宽:5.67 m　面积:284 m^2
	2. 调查林木:	总计:46 株　其中:主测木 17 株,左邻木 14 株,右邻木 15 株。
	3. 伐前因子:	树种组成:10 油　优势树种:　平均胸径:11.9 cm　平均树高:7.0m
		林木株数:43 株,　林木蓄积:　2.0962m^3
	4. 伐后因子:	树种组成:10 油　优势树种:　平均胸径:12.1 cm　平均树高:7.0m
		样木株数:32 株,　样木蓄积:1.6673m^3　样地林分 C 值:9.0
		主测木蓄积:1.0989m^3　左邻木蓄积:0.6245m^3　右邻木蓄积:0.5124 m^3
	5. 采伐木:	株数:11 株,　蓄积 0.4289m^3。

调查人员:武耀成、程栓金、刘飞　　调查日期:2007 年 11 月

附表 27　样地造材登记表五

祁家河(乡镇)林场　　14 林班(村)　　9 小班　　样地号 3　　样地面积 0.42 亩

树种	砍伐木蓄积	材种			长度(m)	小头直径(cm)	根数	出材(m³、吨)	调查结论(m³、吨、%)
油松	0.4289	出材量	商品材	规格材	3	12	1	0.0433	砍伐木蓄积:0.4289
					3	10	2	0.0628	商品材出材量:0.2279
									规格材出材量:0.1061
									非规格材出材量:0.1218
				非规格材	3	8	2	0.0430	薪材:0.0395
					2	10	2	0.0388	废材:
					2.4	6	4	0.0400	规格材出材率:24.7
									综合利用率:66.3
									分树种:
									油松
									砍伐木蓄积:0.4289
			其他	薪材			13	0.0395	商品材出材量:0.2279
									规格材出材量:0.1061
				废材					非规格材出材量:0.1218
									薪材:0.0395
		出材量	商品材	规格材					废材:
									砍伐木蓄积:
				非规格材					商品材出材量:
									规格材出材量:
									非规格材出材量:
									薪材:
									废材:
									砍伐木蓄积:
									商品材出材量:
			其他	薪材					规格材出材量:
									非规格材出材量:
				废材					薪材:
									废材:
		出材量	商品材	规格材					
				非规格材					
			其他	薪材					
				废材					

造材:程栓金　　记录:刘飞　　计算:陈中秋　　调查时间:2007 年 11 月 10 日

附表 28　林分调查样地确定表六

林场：

<table>
<tr><td rowspan="5">基本情况</td><td>林班：</td><td>14</td><td>小班：</td><td>11</td><td>样地号：</td><td>1</td><td></td></tr>
<tr><td>样地位置：</td><td>横坐标：</td><td></td><td>纵坐标：</td><td></td><td>样地设置：</td><td>沿等高线</td></tr>
<tr><td>海拔：</td><td>1100m</td><td>坡向：</td><td>东南</td><td>坡度</td><td>25°</td><td></td></tr>
<tr><td>水土条件</td><td>较好</td><td>地貌：</td><td>低山</td><td>作业面积：</td><td>5hm²</td><td></td></tr>
<tr><td>起源：</td><td>人工</td><td>林龄：</td><td>30 年</td><td>树种组成：</td><td>10 油</td><td></td></tr>
<tr><td>林分因子</td><td colspan="7">标准 C 值范围为 8 ~ 10
1. 样地林木株数:43 株
其中优良木株数:41 株
2. 确定样地内样木株数:29 株
以标准 C 值和树种地位确定采伐木:9 株
采伐蓄积:0.4826m³　伐后平均胸径:13.8cm
平均树高:8m
3. 采伐后样地主测木:15 株　标准 C 值木 11 株
伐后样木蓄积:2.0539m³　林分 C 值:8.6
4. 伐前样地平均胸径:13.6cm　株数:38 株
蓄积:2.5365m³</td></tr>
<tr><td>调查结果</td><td colspan="7">1. 样地长:50m　计算确定样地宽:6.35m
样地面积:318m²
2. 样地采伐株数强度:23.7% 蓄积强度:19%
伐后林木优良率:95.3 % 均匀度:73.3 %
3. 林分特征:本次小班调查为第二次抚育采伐设计,林分团块分布明显,团内林木分化严重。</td></tr>
</table>

调查人员:武耀成、程栓金、刘飞　　调查日期:2007 年 11 月

附表 29 调查样地林木检测表六

樊家沟 伐区 14 林班 11 小班 样带号 1 单位:cm、m

序号	主测木		后相邻 1			前相邻 2			左相邻 3				右相邻 4				主测木	采伐木		不良木
	D	树种	*d*	*L*	*C*	*d*	*L*	*C*	*d*	*L*	*C*	树种	*d*	*L*	*C*	树种	*C*	*d*	树种	株
1	17	油	12	4.5	6.4	16	2.9	11.4	10	2.9	8.0	油	9	3.1	8.4	油	8.6			
2	16	油	17	2.9	11.4	12	3.4	8.2	8	2.5	9.6	油	8	3.5	6.9	油	9.0	16	油	
3	12	油	16	3.4	8.2	18	3.4	8.8	10	2.3	9.6	油	15	3.1	8.0	油	8.7	8	油	
4	18	油	12	3.4	8.8	11	3.5	8.3	10	2.6	10.8	油	15	4.8	8.0	油	9.0			1
5	11	油	18	3.5	8.3	11	2.2	10.0	8	2.4	8.0	油	10	2.3	9.1	油	8.9			
6	11	油	11	2.2	10.0	15	3.8	6.8	16	3.4	8.0	油	12	2.4	9.6	油	8.6	9	油	
7	15	油	11	3.8	6.8	14	3.5	8.3	17	2.4	13.3	油	10	1.8	13.9	油	10.6	12	油	1
8	14	油	15	3.5	8.3	15	4.5	6.4	0		8.0		16	3.4	8.8	油	7.9			
9	15	油	14	4.5	6.4	14	3	9.7	8	3.4	8.0	油	12	2.8	9.6	油	8.4	13	油	
10	14	油	15	3	9.7	10	3.9	8.0	20	4.6	8.0	油	16	2.6	11.5	油	9.3			
11	10	油	14	3.9	6.2	21	3.1	10.0	11	3.5	6.0	油	13	4	8.0	油	7.5	13	油	
12	21	油	10	3.1	10.0	20	4.9	8.4	14	4.3	8.0	油	0		8.0		8.6	12	油	
13	20	油	21	4.9	8.4	14	5.3	6.4	17	3.2	8.0	油	19	5.4	7.2	油	7.5			
14	14	油	20	5.3	6.4	10	2.6	9.2	12	3.6	7.2	油	12	2.7	9.6	油	8.1	14	油	
15	10	油	14	2.6	9.2	12	2.7	8.1	16	3.2	8.0	油	14	2.8	8.0	油	8.3	14	油	
16																				
17																				
18																				
19																				
20																				
21																				
22																				
23																				
24																				
25																				
Σ										3.16				3.19			8.6			2
径阶			6	8	10	12	14	16	18	20	22	24	26							
树高			5.0	6.0	7.0	8.0	8.0	9.0	9.0	10.0	10.0	11.0	11.0							

样地数值		
	1. 样带长:	50m 宽:6.35 m 面积:318 m^2
	2. 调查林木:	总计:43 株 其中:主测木 15 株,左邻木 14 株,右邻木 14 株。
	3. 伐前因子:	树种组成:10 油 优势树种: 平均胸径:13.6 cm 平均树高:8.0 m
		林木株数:38 株, 林木蓄积: 2.5365m^3
	4. 伐后因子:	树种组成:10 油 优势树种: 平均胸径:13.8 cm 平均树高:8.0 m
		样木株数:29 株, 样木蓄积:2.0539m^3 样地林分 C 值:8.6
		主测木蓄积:1.1930m^3 左邻木蓄积:0.8622m^3 右邻木蓄积:0.8596 m^3
	5. 采伐木:	株数:9 株, 蓄积 0.4826 m^3。

调查人员:武耀成、程栓金、刘飞 调查日期:2007 年 11 月

附表 30 样地造材登记表六

祁家河(乡镇)林场 14 林班(村) 11 小班 样地号 1 样地面积 0.48 亩

树种	砍伐木蓄积	材种			长度(m)	小头直径(cm)	根数	出材(m^3、吨)	调查结论(m^3、吨、%)
油松	0.4826	出材量	商品材	规格材	3	10	3	0.0942	砍伐木蓄积:0.4826
					2	12	2	0.0540	商品材出材量:0.2540
									规格材出材量:0.1482
									非规格材出材量:0.1058
				非规格材	3	6	5	0.0670	薪材:0.0347
					2	10	2	0.0388	废材:
									规格材出材率:30.7
									综合利用率:62.9
									分树种:
									油松
									砍伐木蓄积:0.4826
			其他	薪材			8	0.0347	商品材出材量:0.2540
									规格材出材量:0.1482
				废材					非规格材出材量:0.1058
									薪材:0.0347
		出材量	商品材	规格材					废材:
									砍伐木蓄积:
									商品材出材量:
				非规格材					规格材出材量:
									非规格材出材量:
									薪材:
									废材:
									砍伐木蓄积:
									商品材出材量:
									规格材出材量:
			其他	薪材					非规格材出材量:
									薪材:
				废材					废材:
		出材量	商品材	规格材					
				非规格材					
			其他	薪材					
				废材					

造材:程栓金 记录:刘飞 计算:陈中秋 调查时间:2007 年 11 月 10 日

附表 31 林分调查样地确定表七

林场:

<table>
<tr><td rowspan="5">基本情况</td><td>林班:</td><td>14</td><td>小班:</td><td>13</td><td>样地号:</td><td>1</td><td></td></tr>
<tr><td>样地位置:</td><td>横坐标:</td><td></td><td>纵坐标:</td><td></td><td>样地设置:</td><td>斜等高线</td></tr>
<tr><td>海拔:</td><td>1000m</td><td>坡向:</td><td>西</td><td>坡度</td><td>24°</td><td></td></tr>
<tr><td>水土条件</td><td>良好</td><td>地貌:</td><td>低山</td><td>作业面积:</td><td>8hm^2</td><td></td></tr>
<tr><td>起源:</td><td>人工</td><td>林龄:</td><td>35 年</td><td>树种组成:</td><td>10 油</td><td></td></tr>
<tr><td>林分因子</td><td colspan="7">标准 C 值范围为 8 ~ 10
1. 样地林木株数:45 株
其中优良木株数:43 株
2. 确定样地内样木株数:31 株
以标准 C 值和树种地位确定采伐木:6 株
采伐蓄积:0.5014m^3　　伐后平均胸径:14.6cm
平均树高:8m
3. 采伐后样地主测木:16 株　　标准 C 值木 13 株
伐后样木蓄积:3.343m^3　　林分 C 值:8.6
4. 伐前样地平均胸径:14.6cm　　株数:37 株
蓄积:2.8444m^3</td></tr>
<tr><td>调查结果</td><td colspan="7">1. 样地长:50m　　计算确定样地宽:6.2m
样地面积:310m^2
2. 样地采伐株数强度:16.2% 蓄积强度:17.6%
伐后林木优良率:95.6 % 均匀度:81.3 %
3. 林分特征:本次小班调查为第二次抚育采伐设计,林分团块分布明显,团内林木分化严重。</td></tr>
</table>

调查人员:武耀成、程栓金、刘飞　　调查日期:2007 年 11 月

附表 32 调查样地林木检测表七

樊家沟 伐区 14 林班 13 小班 样带号 1 单位:cm、m

序号	主测木		后相邻 1			前相邻 2			左相邻 3				右相邻 4				主测木	采伐木		不良木
	D	树种	d	L	C	d	L	C	d	L	C	树种	d	L	C	树种	C	d	树种	株
1	22	油	19	4.1	10.0	9	2.8	11.1	23	4.6	8.0	油	14	2	18.0	油	11.8	16	油	
2	9	油	22	2.8	11.1	18	4	6.8	0		8.0		14	2.9	7.9	油	8.4	15	油	
3	18	油	9	4	6.8	14	4	8.0	12	3	10.0	油	8	2.6	8.0	油	8.2	16	油	
4	14	油	18	4	8.0	9	2.8	8.2	19	2.9	11.4	油	9	4	8.0	油	8.9			
5	9	油	14	2.8	8.2	16	2.9	8.6	12	2	8.0	油	9	2.5	7.2	油	8.0			
6	16	油	9	2.9	8.6	12	3.3	8.5	11	2.7	8.0	油	8	2.2	10.9	油	9.0			
7	12	油	16	3	9.3	18	4.1	7.3	13	3.2	7.8	油	9	1.9	11.1	油	8.9			
8	18	油	12	4.1	7.3	20	3.8	10.0	12	3.4	8.8	油	14	4.1	7.8	油	8.5			
9	20	油	18	3.8	10.0	12	4.4	7.3	15	4.3	8.0	油	12	2.6	12.3	油	9.4	20	油	
10	12	油	20	4.4	7.3	9	2.2	8.0	11	3	8.0	油	8	2.9	6.9	油	7.5			
11	9	油	12	2.2	9.5	15	3.4	7.1	17	2.9	9.0	油	16	3.9	8.0	油	8.4			1
12	15	油	9	3.4	7.1	19	4.2	8.1	9	2.9	8.0	油	14	2.7	10.7	油	8.5	8	油	
13	19	油	15	4.2	8.1	12	3.3	9.4	18	3.8	8.0	油	15	3.1	11.0	油	9.1			
14	12	油	19	3.3	9.4	13	4	6.3	20	3.6	8.9	油	22	3.7	9.2	油	8.4			1
15	13	油	12	4	6.3	6	2.9	6.6	21	2.4	8.0	油	16	4	8.0	油	7.2	13	油	
16	6	油	13	2.6	8.0	0		8.0	0		8.0		0		8.0		8.0			
17																				
18																				
19																				
20																				
21																				
22																				
23																				
24																				
25																				
Σ										3.19				3.01			8.6			2
径阶			6	8	10	12	14	16	18	20	22	24	26							
树高			5.0	7.0	7.0	8.0	8.0	9.0	9.0	10.0	10.0	11.0	11.0							

样地数值	1. 样带长:	50m 宽:6.20 m 面积:310 m^2
	2. 调查林木:	总计:45 株 其中:主测木 16 株,左邻木 14 株,右邻木 15 株。
	3. 伐前因子:	树种组成:10 油 优势树种: 平均胸径:14.6 cm 平均树高:8.0 m
		林木株数:37 株, 林木蓄积: 2.8444m^3
	4. 伐后因子:	树种组成:10 油 优势树种: 平均胸径:14.6 cm 平均树高:8.0 m
		样木株数:31 株, 样木蓄积:2.3430m^3 样地林分 C 值:8.6
		主测木蓄积:1.2452m^3 左邻木蓄积:1.2883m^3 右邻木蓄积:0.9073 m^3
	5. 采伐木:	株数:6 株, 蓄积 0.5014m^3。

调查人员:武耀成、程栓金、刘飞 调查日期:2007 年 11 月

附表 33 样地造材登记表七

祁家河(乡镇)林场 14 林班(村) 3 小班 样地号 1 样地面积 0.47 亩

树种	砍伐木蓄积	材种			长度(m)	小头直径(cm)	根数	出材(m³、吨)	调查结论(m³、吨、%)
油松	0.5014	出材量	商品材	规格材	3	12	2	0.1299	砍伐木蓄积:0.5014 商品材出材量:0.3047 规格材出材量:0.1657 非规格材出材量:0.1390 薪材:0.0177 废材: 规格材出材率:33.0 综合利用率:65.8
					2	14	1	0.0368	
				非规格材	2.4	8	3	0.0486	
					2	10	2	0.0388	
					2	6	2	0.0158	
					2	14	1	0.0358	
			其他	薪材			7	0.0177	
				废材					分树种: 油松
		出材量	商品材	规格材					砍伐木蓄积:0.5014 商品材出材量:0.3047 规格材出材量:0.1657 非规格材出材量:0.1390 薪材:0.0177 废材:
				非规格材					砍伐木蓄积: 商品材出材量: 规格材出材量:
			其他	薪材					非规格材出材量:
				废材					
		出材量	商品材	规格材					薪材: 废材:
				非规格材					砍伐木蓄积: 商品材出材量: 规格材出材量: 非规格材出材量: 薪材: 废材:
			其他	薪材					
				废材					

造材:程栓金 记录:刘飞 计算:陈中秋 调查时间:2007 年 11 月 10 日

附表 34 林分调查样地确定表八

林场：

<table>
<tr><td rowspan="5">基本情况</td><td>林班：</td><td>14</td><td>小班：</td><td>13</td><td>样地号：</td><td>2</td><td></td></tr>
<tr><td>样地位置：</td><td>横坐标：</td><td></td><td>纵坐标：</td><td></td><td>样地设置：</td><td>顺坡向</td></tr>
<tr><td>海拔：</td><td>1100m</td><td>坡向：</td><td>西北</td><td>坡度</td><td>28°</td><td></td></tr>
<tr><td>水土条件</td><td>中等</td><td>地貌：</td><td>低山</td><td>作业面积：</td><td>$8hm^2$</td><td></td></tr>
<tr><td>起源：</td><td>人工</td><td>林龄：</td><td>35 年</td><td>树种组成：</td><td>10 油 + 杂</td><td></td></tr>
<tr><td>林分因子</td><td colspan="7">标准 C 值范围为 8 ~ 10
1. 样地林木株数:48 株
其中优良木株数:46 株
2. 确定样地内样木株数:33 株
以标准 C 值和树种地位确定采伐木:10 株
采伐蓄积:0.5837m^3 伐后平均胸径:13.7cm
平均树高:8m
3. 采伐后样地主测木:17 株 标准 C 值木 14 株
伐后样木蓄积:2.1415m^3 林分 C 值:8.8
4. 伐前样地平均胸径:13.6cm 株数:43 株
蓄积:2.7252m^3</td></tr>
<tr><td>调查结果</td><td colspan="7">1. 样地长:50m 计算确定样地宽:6.08m
样地面积:304m^2
2. 样地采伐株数强度:23.3% 蓄积强度:21.4%
伐后林木优良率:95.8 % 均匀度:82.4 %
3. 林分特征:本次小班调查为第二次抚育采伐设计,林分团块分布明显,团内林木分化严重。</td></tr>
</table>

调查人员:武耀成、程栓金、刘飞　　　　调查日期:2007 年 11 月

附表 35 调查样地林木检测表八

樊家沟 伐区 14 林班 13 小班 样带号 2 单位:cm、m

序号	主测木		后相邻 1			前相邻 2			左相邻 3				右相邻 4				主测木	采伐木		不良木
	D	树种	d	L	C	d	L	C	d	L	C	树种	d	L	C	树种	C	d	树种	株
1	14	油	11	3.5	7.1	12	2.7	9.6	11	2.8	8.9	油	8	2.1	10.5	油	9.0			
2	12	油	14	2.7	9.6	8	3	6.7	13	3.9	6.4	油	8	2	10.0	油	8.2	10	油	
3	8	油	12	3	6.7	21	3.3	8.8	14	4.9	4.5	油	21	3.4	8.5	油	7.1			
4	21	油	8	3.3	8.8	18	4.2	9.3	15	4.9	7.3	油	8	2.4	12.1	油	9.4	14	油	
5	18	油	13	4.2	7.4	13	3.2	9.7	15	3	11.0	油	0		8.0		9.0	8	油	1
6	13	油	18	3.2	9.7	16	3.4	8.5	17	3.6	8.3	油	14	3.4	7.9	油	8.6	12	油	
7	16	油	13	3.4	8.5	12	2.6	10.8	18	3	11.3	油	10	2.7	9.6	油	10.1			
8	12	油	16	2.6	10.8	12	2.4	10.0	12	4.3	5.6	油	16	2.3	12.2	油	9.6	16	油	
9	12	油	12	2.4	10.0	11	3.2	7.2	15	2.5	10.8	油	8	2.8	7.1	油	8.8			1
10	11	油	12	3.2	7.2	14	3.3	7.6	19	4.2	7.1	油	15	3	8.7	油	7.6	10	油	
11	14	油	11	3.3	7.6	9	4	5.8	14	2.3	12.2	油	13	3.4	7.9	油	8.4	16	油	
12	9	油	14	4	5.8	16	2.2	11.4	20	3.7	7.8	油	14	2.3	10.0	油	8.7			
13	16	油	9	2.2	11.4	12	3.9	7.2	13	3.2	9.1	油	0		8.0		8.9			
14	12	油	16	3.9	7.2	13	3	8.3	6	1.6	11.3	油	17	2.5	11.6	油	9.6	12	油	
15	13	油	12	3	8.3	15	3.4	8.2	10	3.1	7.4	油	12	3.2	7.8	油	8.0	16	油	
16	15	油	13	3.4	8.2	17	3.9	8.2	11	2.7	9.6	油	8	3.5	6.6	油	8.2	14	油	
17	17	油	15	3.9	8.2	17	2.9	11.7	8	2.2	11.4	油	0		8.0		9.8			
18																				
19																				
20																				
21																				
22																				
23																				
24																				
25																				
Σ										3.29				2.79			8.8			2
径阶			6	8	10	12	14	16	18	20	22	24								
树高			5.0	6.0	7.0	7	8.0	9	9	10	10	11								

样地数值		
	1. 样带长:	50m 宽:6.08 m 面积:304 m^2
	2. 调查林木:	总计:48 株 其中:主测木 17 株,左邻木 17 株,右邻木 13 株。
	3. 伐前因子:	树种组成:10 油 优势树种: 平均胸径:13.6 cm 平均树高:8.0 m
		林木株数:43 株, 林木蓄积: 2.7252m^3
	4. 伐后因子:	树种组成:10 油 优势树种: 平均胸径:13.7 cm 平均树高:8.0 m
		样木株数:33 株, 样木蓄积:2.1415m^3 样地林分 C 值:8.8
		主测木蓄积:1.1538 m^3 左邻木蓄积:1.1723m^3 右邻木蓄积:0.8031 m^3
	5. 采伐木:	株数:10 株, 蓄积 0.5837m^3。

调查人员:武耀成、程栓金、刘飞 调查日期:2007 年 11 月

附表 36 样地造材登记表八

祁家河(乡镇)林场 14 林班(村) 13 小班 样地号 2 样地面积 0.46 亩

树种	砍伐木蓄积	材种			长度(m)	小头直径(cm)	根数	出材(m³、吨)	调查结论(m³、吨、%)
油松	0.5837	出材量	商品材	规格材	2	14	1	0.0358	砍伐木蓄积:0.5837 商品材出材量:0.3414 规格材出材量:0.1438 非规格材出材量:0.1976 薪材:0.0201 废材: 规格材出材率:24.6 综合利用率:63.4 分树种: 油松
					2	12	4	0.1080	
				非规格材	3	10	3	0.0942	
					2.4	8	3	0.0486	
					2	8	3	0.0390	
					2	6	2	0.0158	
			其他	薪材			12	0.0201	
				废材					
		出材量	商品材	规格材					砍伐木蓄积:0.5837 商品材出材量:0.3414 规格材出材量:0.1438 非规格材出材量:0.1976 薪材:0.0201 废材: 砍伐木蓄积: 商品材出材量: 规格材出材量: 非规格材出材量: 薪材: 废材:
				非规格材					
			其他	薪材					
				废材					
		出材量	商品材	规格材					砍伐木蓄积: 商品材出材量: 规格材出材量: 非规格材出材量: 薪材: 废材:
				非规格材					
			其他	薪材					
				废材					

造材:程栓金 记录:刘飞 计算:陈中秋 调查时间:2007 年 11 月 10 日

附表37 生产作业用工及投资预算表

单位：hm²、m³、个、元、个/m³、个/hm²、元/m³、元/hm²、吨

乡镇（林场）	林班号（村）	小班号	作业面积	采伐蓄积	生产木材		合计		伐树		制材		归楞		修枝		清林		标号		检尺		单位用工	单位投资
			(hm²)	(m³)	商品材 (m³)	薪材 (m³)	用工量 (个)	总投资 (元)	用工 (个)	投资 (元)	用工 (个)	投资 (元)	用工 (个)	投资 (元)	用工 (个)	投资 (元)	用工 (个)	投资 (元)	用工 (个)	投资 (元)	用工 (个)	投资 (元)	(个)	(元)
祁家河			35.0	609.6	340.5	31.2	1848	92400	424	21200	501	25050	461	23050			308	15400	77	3850	77	3850		
	14	8	9.0	172.9	102.6	6.9	539	26950	124	6200	146	7300	135	6750			90	4500	22	1100	22	1100	4.8	240
		9	13.0	219.3	113.8	13.9	642	32100	147	7350	174	8700	160	8000			107	5350	27	1350	27	1350	4.8	240
		11	5.0	75.9	39.9	5.5	230	11500	53	2650	62	3100	57	2850			38	1900	10	500	10	500	4.8	240
		13	8.0	141.5	84.2	4.9	437	21850	100	5000	119	5950	109	5450			73	3650	18	900	18	900	4.8	240

汇总：杨东卫　　　　复核：武耀成　　　　2008年1月

附表38 中条山国有林管理局
人工林抚育采伐区作业检查验收合格证

<table>
<tr><td rowspan="2">单位</td><td rowspan="2">祁家河林场</td><td rowspan="2">作业
工队</td><td>1. 樊家沟 伐区　　工队长：任俊秀</td></tr>
<tr><td>2. ______ 伐区　　工队长：______</td></tr>
<tr><td>伐区
情况
总面积
35hm²</td><td colspan="3">1. 樊家沟 伐区　　施工组长：车鑫贵　　作业面积：35 hm²
涉及 14 林班 8、9、11、13 小班 ______林班______小班
2. ______ 伐区　　施工组长：______　　作业面积：______ hm²
涉及____ 林班 ______小班；______林班______ 小班</td></tr>
</table>

1. 樊家沟 伐区验收结果：伐区综合评分：93 分，验收合格，但在抽查小班中，有采伐丢件，部分地块有不合格伐桩。

本伐区抽查2 个小班，面积21hm²，抽查率60%。

9 小班，13 hm²，综合评分 88 分；13 小班 8 hm²，综合评分 98 分

____ 小班，____ hm²，综合评分 ____ 分；____小班 ____ hm²，综合评分____ 分

1. ______ 伐区验收结果：

本伐区抽查____ 个小班，面积____ hm²，抽查率____ %。

____小班，____hm²，综合评分 ____ 分；____小班 ____ hm²，综合评分______ 分

____小班，____hm²，综合评分 ____ 分；____小班 ____ hm²，综合评分______ 分

<table>
<tr><td>受检单位
施工评定</td><td colspan="3">抚育采伐工程项目，综合评分 93 分。林地抚育质量基本合格，但存在团块状抚育不均，部分地块强度偏小，采伐工艺不规范，有不合格伐根，伐区内有采伐物丢件。</td></tr>
<tr><td>检查人</td><td>武耀成、程栓金、任么秀</td><td>施工单位
人员</td><td>任俊秀</td></tr>
<tr><td>林场
参加人</td><td>车鑫贵、任国华</td><td>验收
日期</td><td>2008 年 10 月 9 日</td></tr>
</table>

附表 39 人抚伐区抽查样地质量汇总表

祁家河林场 樊家沟伐区 单位：hm^2、个、%

检查项 / 样地号	林班	小班	面积	小班评分	合计	管理质量				林地质量						资源利用			林地保护			备注
						评分	资源消耗误差	采伐项目资料	木材销售误差	评分	保留木优良率	保留木均匀度	保留木适宜度	面积作业率	不合格伐根	评分	伐区成品丢件	可利用丢件	评分	伐区卫生	伐区保护措施	
1	14	13	8	98	98分	30分	-1.1	齐全	0.0	48分	95.8	76.5	94.3	100	3	10分	0	1	10分	达标	有	抽查
	14	9	13	88	88分	30分	-2.9%	齐全	0.0	44分	97.7	83.4	92.05	100	5	4分	1	2	10分	达标	有	抽查
1											97.5	78.6	90	100								
2											97.8	88.2	94.1	100								
	14	8	9																			
	14	11	5																			
Σ		4个	35																			
抽查合计		2个	21	93	93分	30分	-0.5645		0	46分	96.75	79.95	93.175	100	4	7分	1	2	10分		抽查率60%	
伐区评分				93																		

检查人：武耀成、程拴金、任么秀 计算人：刘飞 日期：2008年10月

附表40 抚育采伐小班样地质量评分表一

林场:祁家河 14林班 13小班

检查项目	标准分	设计及规定要求指标	核查方法及评分标准	评分
合计	100分			98分
(一)质量管理	30分		内业检查,野账核实	30分
资源消耗限额	10分	误差≤±5%	设计消耗141.5m^3,实际消耗140.0m^3,误差-1.1%	10
抚育采伐项目资料	10分	齐全	资料齐全	10
伐区木材销售管理	10分	误差≤±3%	实际生产85m^3,实行承包销售无误差	10
(二)林地质量	50分		采用长条型样地检测及线路调查	48分
保留木优良率	10分	91.7	样地林木优良率95.8%	14
保留木均匀度	10分	81.9	样地林木均匀度76.5%	5
保留木适宜度	10分	95%	样地林木适宜度94.3%	9
伐区面积作业率	10分	100%	线路调查100%	10
不合格伐根数	10分	<5个	线路调查有3个	10
(三)资源利用	10分		以线路调查方法为主	10分
伐区成品丢件	5分	无	无成品丢件	5
伐区可利用丢件	5分	1件	有1件	5
(四)林地保护	10分		以线路调查方法为主	10分
伐区卫生	5分	达标	达标	5
伐区封育措施	5分	有措施有标志	有封禁牛、羊标志,有宣传牌	5

附表 41 抽查小班样地确定表一

<table>
<tr><td rowspan="5">基本情况</td><td>林场:</td><td>祁家河</td><td>林班:</td><td>14</td><td>小班:</td><td>13</td><td>样地号:</td><td>1</td></tr>
<tr><td>样地位置:</td><td>横坐标:</td><td></td><td>纵坐标:</td><td></td><td>海拔:</td><td colspan="2">1100m</td></tr>
<tr><td>样地设置:</td><td>顺坡向</td><td>坡向:</td><td>西北</td><td>坡度:</td><td>30</td><td>坡位:</td><td>上</td></tr>
<tr><td>树种组成:</td><td>10 油</td><td>林龄:</td><td colspan="2">30 年</td><td>作业面积:</td><td colspan="2">8.0 hm²</td></tr>
<tr><td>林分起源:</td><td>人工</td><td>地貌:</td><td>中山</td><td>水土条件:</td><td colspan="3">较好</td></tr>
<tr><td>林分因子</td><td colspan="8">采用标准 C 值为 8,标准 C 值范围为 8 ~ 10
1. 样地林木株数:48 株 其中优良木株数:46 株
2. 样地内样木株数:33 株 采伐木:12 株
以标准 C 值和树种地位确定应伐木:2 株
伐后平均树高:7.5m 平均胸径:13.7cm
3. 采伐后样地主测木:17 株 标准 C 值木 13 株
伐后样木蓄积:2.0902m³ 林分 C 值:8.7</td></tr>
<tr><td>调查结果</td><td colspan="8">1. 样地长:50m 样地宽:6.08m
样地面积:304m²
2. 伐后林木优良率:95.8% 均匀度:76.5%
适宜度:94.3% 采伐株数强度:25.5 %
3. 线路调查中:面积作业率 100% 超标伐根:3 个
采伐成品丢件 0 件 可利用丢件 1 件
4. 内业检查:档案资料 齐全 消耗限额 140m³, 误差 -1.1 %
木材生产 85m³ 销售误差 0.0 %
5. 林分特征:本次小班为第二次抚育采伐后检查验收,林分团块分布明显。</td></tr>
</table>

调查人员:武耀成、程栓金、刘飞 调查日期:2008 年 10 月

附表42 伐区抽查小班样地林木检测表一

樊家沟 伐区 14 林班 13 小班 样带号 1 单位：cm、m

序号	主测木		后相邻木			前相邻木			左相邻木				右相邻木				主测木	采伐木	应伐木	不良木
	D	树种	d	L	C	d	L	C	d	L	C	树种	d	L	C	树种	C	株	株	株
1	14	油	11	3.5	7.1	12	2.7	9.6	11	2.8	8.9	油	8	2.1	10.5	油	9.0		1	
2	12	油	14	2.7	9.6	8	3.0	6.7	13	3.9	6.4	油	8	2.0	10.0	油	8.2	1		
3	8	油	12	3.0	6.7	21	3.3	8.8	14	4.9	4.5	油	21	3.4	8.5	油	7.1	1		
4	21	油	8	3.3	8.8	18	4.2	9.3	15	4.9	7.3	油	8	2.4	12.1	油	9.4	1		
5	18	油	13	4.2	7.4	13	3.2	9.7	15	3.0	11.0	油	0		8.0	油	9.0	1		1
6	13	油	18	3.2	9.7	16	3.4	8.5	17	3.6	8.3	油	14	3.4	7.9	油	8.6	1		
7	16	油	13	3.4	8.5	12	2.6	10.8	18	3.0	11.3	油	10	2.7	9.6	油	10.1		1	
8	12	油	16	2.6	10.8	12	2.4	10.0	12	4.3	5.6	油	16	2.3	12.2	油	9.6	1		
9	12	油	12	2.4	10.0	11	3.2	7.2	15	2.5	10.8	油	8	2.8	7.1	油	8.8			1
10	11	油	12	3.2	7.2	14	3.3	7.6	19	4.2	7.1	油	15	3.0	8.7	油	7.6	1		
11	14	油	11	3.3	7.6	9	4.0	5.8	14	2.3	12.2	油	13	3.4	7.9	油	8.4	1		
12	9	油	14	4.0	5.8	16	2.2	11.4	20	3.7	7.8	油	14	2.3	10.0	油	8.7	1		
13	16	油	9	2.2	11.4	10	3.9	6.7	13	3.2	9.1	油	0		8.0		8.8			
14	10	油	16	3.9	6.7	13	3.0	7.7	6	1.6	10.0	油	17	2.5	10.8	油	8.8	1		
15	13	油	10	3.0	7.7	15	3.4	8.2	10	3.1	7.4	油	10	3.2	7.2	油	7.6	1		
16	15	油	13	3.4	8.2	17	3.9	8.2	11	2.7	9.6	油	8	3.5	6.6	油	8.2	1		
17	17	油	15	3.9	8.2	17	2.9	11.7	8	2.2	11.4	油	0		8.0		9.8			
18																				
19																				
20																				
21																				
22																				
23																				
24																				
25																				
Σ										3.29				2.79			8.7	12	2	2
径阶				6	8	10	12	14	16	18	20	22	24							
树高				5.0	6.0	7.0	7.0	8.0	9.0	9.0	10.0	10.0								

样地数值			
	1. 样带长：50m 宽：6.08m 面积：$304m^2$		
	2. 调查林木：	总计：48 株	其中：主测木 17 株， 左邻木 17 株， 右邻木 14 株。
			其中：含不良木 2 株
	3. 伐后因子：	树种组成：10 油 优势树种： 平均胸径：13.7cm 平均树高：7.5 m	
		样木株数：33 株， 样木蓄积：$2.0902m^3$ 样地林分 C 值：8.7	
		主测木蓄积：$1.1119m^3$ 左邻木蓄积：$1.1664m^3$ 右邻木蓄积：$0.7901\ m^3$	
	4. 样地内：	采伐木株数：12 株， 保留应伐木：2 株 标准 C 值木 13 株	

调查人员：武耀成、程栓金、刘飞 调查日期：2008 年 10 月

附表43　抚育采伐小班样地质量评分表二

林场：　　　　14 林班　　　　9 小班

检查项目	标准分	设计及规定要求指标	核查方法及评分标准	评分
合计	100 分			88 分
(一)质量管理	30 分		内业检查,野账核实	30 分
资源消耗限额	10 分	误差≤±5%	设计消耗 219.3m^3,实际消耗 213m^3,误差 -2.9%	10
抚育采伐项目资料	10 分	齐全	资料齐全	10
伐区木材销售管理	10 分	误差≤±3%	实际生产 115m^3,实行承包销售无误差	10
(二)林地质量	50 分		采用长条型样地检测及线路调查	44 分
保留木优良率	10 分	97.8	样地林木优良率 97.7%	10
保留木均匀度	10 分	84.6	样地林木均匀度 83.4%	9
保留木适宜度	10 分	95%	样地林木适宜度 92.1%	7
伐区面积作业率	10 分	100%	线路调查 100%	10
不合格伐根数	10 分	<5 个	线路调查不合格伐根有 5 个	8
(三)资源利用	10 分		以线路调查方法为主	4 分
伐区成品丢件	5 分	无	有 1 件	0
伐区可利用丢件	5 分	1 件	有 2 件	4
(四)林地保护	10 分		以线路调查方法为主	10 分
伐区卫生	5 分	达标	达标	5
伐区封育措施	5 分	有措施有标志	封禁牛、羊进入林地标志明显,有宣传牌	5

附表 44　抽查小班样地确定表二

<table>
<tr><td rowspan="5">基本情况</td><td>林场:</td><td>祁家河</td><td>林班:</td><td>14</td><td>小班:</td><td>9</td><td>样地号:</td><td>1</td></tr>
<tr><td>样地位置:</td><td>横坐标:</td><td></td><td>纵坐标:</td><td></td><td>海拔:</td><td colspan="2">1000m</td></tr>
<tr><td>样地设置:</td><td>顺坡向</td><td>坡向:</td><td>西北</td><td>坡度:</td><td>30</td><td>坡位:</td><td>上</td></tr>
<tr><td>树种组成:</td><td>10 油</td><td>林龄:</td><td colspan="2">25 年</td><td>作业面积:</td><td colspan="2">13.0 hm^2</td></tr>
<tr><td>林分起源:</td><td>人工</td><td>地貌:</td><td>中山</td><td>水土条件:</td><td colspan="3">较好</td></tr>
<tr><td>林分因子</td><td colspan="8">采用标准 C 值为 8,标准 C 值范围为 8 ~ 10
1. 样地林木株数:40 株　　其中优良木株数:39 株
2. 样地内样木株数:27 株　　采伐木:10 株
以标准 C 值和树种地位确定应伐木:3 株
伐后平均树高:8m　　平均胸径:14.5cm
3. 采伐后样地主测木:14 株　　标准 C 值木 11 株
伐后样木蓄积:1.9683m^3　　林分 C 值:8.8</td></tr>
<tr><td>调查结果</td><td colspan="8">1. 样地长:50m　　样地宽:6.06m
样地面积:303m^2
2. 伐后林木优良率:97.5%　　均匀度:78.6%
适宜度:90%　　采伐株数强度:25.0 %
3. 线路调查中:面积作业率 100%　　超标伐根:5 个
采伐成品丢件 1 件　　可利用丢件 2 件
4. 内业检查:档案资料　齐全　消耗限额 213m^3,　误差 -2.9 %
木材生产 115m^3　　销售误差 0.0 %
5. 林分特征:本次小班为第二次抚育采伐后检查验收,林分团块分布明显。</td></tr>
</table>

调查人员:武耀成、程栓金、刘飞　　　　调查日期:2008 年 10 月

附表45　伐区抽查小班样地林木检测表二

樊家沟　　伐区　14　　林班　　9 小班　　样带号　1　　单位:cm、m

序号	主测木		后相邻木			前相邻木			左相邻木				右相邻木				主测木	采伐木	应伐木	不良木
	D	树种	d	L	C	d	L	C	d	L	C	树种	d	L	C	树种	C	株	株	株
1	17	油	18	4.0	8.8	9	2.8	9.3	16	3.7	8.9	油	16	3.3	10.0	油	9.2	1		
2	9	油	17	2.8	9.3	10	2.5	7.6	9	1.8	10.0	油	13	2.1	10.5	油	9.3	1		
3	10	油	9	2.5	7.6	10	2.9	6.9	10	2.5	8.0	油	14	5.3	4.5	油	6.8	1		
4	10	油	10	2.9	6.9	25	4.2	8.3	8	1.9	9.5	油	15	4	6.3	油	7.7	1	1	
5	25	油	8	4.2	7.9	11	2.9	12.4	10	3.6	9.7	油	10	2.8	8.0	油	9.5	1		
6	11	油	25	2.9	12.4	12	4.5	5.1	8	1.8	10.6	油	17	4.6	6.1	油	8.5	1		
7	12	油	11	4.5	5.1	12	4	6.0	13	1.8	13.9	油	19	2.8	11.1	油	9.0	1	1	
8	12	油	12	4.0	6.0	18	3.2	9.4	13	2.4	10.4	油	21	4.9	6.7	油	8.1	1	1	
9	18	油	12	3.2	9.4	10	4.1	6.8	13	3.2	9.7	油	13	2.9	10.7	油	9.1	1		
10	10	油	13	4.1	5.6	0		8.0	0		8.0		20	2.3	13.0	油	8.7			
11	11	油	0		8.0	23	3.4	10.0	10	1.8	11.7	油	0		8.0		9.4			
12	23	油	11	3.4	10.0	8	3.3	9.4	17	4.1	9.8	油	14	2.9	12.8	油	10.5			
13	8	油	23	3.3	9.4	9	2.5	6.8	20	2.6	10.8	油	26	5.4	8.0	油	8.7	1		
14	9	油	8	2.5	6.8	14	2.4	9.6	10	2.1	9.0	油	10	2.2	8.6	油	8.5			1
15																				
16																				
17																				
18																				
19																				
20																				
21																				
22																				
23																				
24																				
25																				
Σ										2.56				3.50			8.8	10	3	1
径阶				6	8	10	12	14	16	18	20	22	24	26	28					
树高				5.0	6.0	7.0	7.0	8.0	8.0	9.0	9.0	10.0	10.0	11	11.0					

样地数值			
	1. 样带长:50m　宽:6.06m　面积:$303m^2$		
	2. 调查林木:	总计:40 株	其中:主测木　14 株，　左邻木　13 株，　右邻木　13 株。
			其中:含不良木　1 株
	3. 伐后因子:	树种组成:10 油　优势树种:　平均胸径:14.5cm　平均树高:8 m	
		样木株数:27 株，　样木蓄积:$1.9683m^3$　样地林分 C 值:8.8	
		主测木蓄积:$0.9888m^3$　左邻木蓄积:$0.6787m^3$　右邻木蓄积:$1.2803\ m^3$	
	4. 样地内:	采伐木株数:10 株，　保留应伐木:3 株　标准 C 值木 11 株	

调查人员：武耀成、程栓金、刘飞　　　　调查日期:2008 年 10 月

附表 46 抽查小班样地确定表三

<table>
<tr><td rowspan="5">基本情况</td><td>林场:</td><td>祁家河</td><td>林班:</td><td>14</td><td>小班:</td><td>9</td><td>样地号:</td><td>2</td></tr>
<tr><td>样地位置:</td><td>横坐标:</td><td></td><td>纵坐标:</td><td></td><td>海拔:</td><td colspan="2">1000m</td></tr>
<tr><td>样地设置:</td><td>顺坡向</td><td>坡向:</td><td>西北</td><td>坡度:</td><td>30</td><td>坡位:</td><td>上</td></tr>
<tr><td>树种组成:</td><td>10 油</td><td>林龄:</td><td colspan="2">25 年</td><td>作业面积:</td><td colspan="2">13.0 hm^2</td></tr>
<tr><td>林分起源:</td><td>人工</td><td>地貌:</td><td>中山</td><td>水土条件:</td><td colspan="3">较好</td></tr>
<tr><td>林分因子</td><td colspan="8">采用标准 C 值为 8,标准 C 值范围为 8 ~ 10
1. 样地林木株数:46 株 其中优良木株数:45 株
2. 样地内样木株数:32 株 采伐木:11 株
以标准 C 值和树种地位确定应伐木:2 株
伐后平均树高:7m 平均胸径:12.1cm
3. 采伐后样地主测木:17 株 标准 C 值木 15 株
伐后样木蓄积:1.5355m^3 林分 C 值:9.0</td></tr>
<tr><td>调查结果</td><td colspan="8">1. 样地长:50m 样地宽:5.67m
样地面积:283.5m^2
2. 伐后林木优良率:97.8% 均匀度:98.2%
适宜度:94.1% 采伐株数强度:24.4 %
3. 线路调查中:面积作业率 100% 超标伐根:5 个
采伐成品丢件 1 件 可利用丢件 2 件
4. 内业检查:档案资料 齐全 消耗限额 213m^3, 误差 -2.9 %
木材生产 115m^3 销售误差 0.0 %
5. 林分特征:本次小班为第二次抚育采伐后检查验收,林分团块分布明显。</td></tr>
</table>

调查人员:武耀成、程栓金、刘飞　　调查日期:2008 年 10 月

附表 47 伐区抽查小班样地林木检测表三

樊家沟 伐区 14 林班 9 小班 样带号 2 单位:cm、m

序号	主测木		后相邻木			前相邻木			左相邻木				右相邻木				主测木	采伐木	应伐木	不良木
	D	树种	d	L	C	d	L	C	d	L	C	树种	d	L	C	树种	C	株	株	株
1	24	油	22	3.9	11.8	10	4.1	8.3	0		8.0		12	3.3	10.9	油	9.7	1		
2	10	油	24	4.1	8.3	16	2.4	10.8	8	3.6	5.0	油	17	2.7	10.0	油	8.5	1		
3	16	油	10	2.4	10.8	10	2.4	10.8	15	3.8	8.2	油	0		8.0		9.5			
4	10	油	16	2.4	10.8	10	2.7	7.4	7	2.6	6.5	油	0		8.0		8.2			
5	10	油	10	2.7	7.4	14	1.8	13.3	0		8.0		11	2.7	8.0	油	9.2	1		
6	14	油	10	2.8	8.6	19	5.2	6.3	11	3.1	8.1	油	10	4.6	5.2	油	7.0	1		
7	19	油	14	5.2	6.3	13	3.3	9.7	6	2.7	9.3	油	8	2.7	10.0	油	8.8	1		
8	13	油	19	3.3	9.7	11	3.4	7.1	12	2.6	9.6	油	9	2.1	10.5	油	9.2	1		
9	11	油	13	3.4	7.1	12	2.1	11.0	0		8.0		14	3.6	6.9	油	8.2	1		
10	12	油	11	2.1	11.0	12	2.4	10.0	14	3.7	7.0	油	8	3.0	6.7	油	8.7	1		
11	12	油	12	2.4	10.0	12	2.7	8.9	16	2.4	11.7	油	6	2.2	8.2	油	9.7		1	
12	12	油	12	2.7	8.9	13	2.2	11.4	6	2.9	6.2	油	6	2.3	7.8	油	8.6	1		
13	13	油	12	2.2	11.4	14	3.3	8.2	8	3	7.0	油	11	2.7	8.0	油	8.6	1		
14	14	油	13	3.3	8.2	8	2.8	7.9	13	2.7	10.0	油	6	2.3	8.7	油	8.7			
15	8	油	14	2.8	7.9	13	2.1	10.0	6	1.4	10.0	油	12	2.8	7.1	油	8.8		1	
16	13	油	8	2.1	10.0	14	2.4	11.3	13	3.7	7.0	油	10	2	11.5	油	9.9	1		1
17	14	油	13	2.4	11.3	14	2.8	10.0	19	2.1	15.7	油	10	2.8	8.0	油	11.2			
18																				
19																				
20																				
21																				
22																				
23																				
24																				
25																				
Σ										2.88				2.79			9.0	11	2	1
径阶				6	8	10	12	14	16	18	20	22	24							
树高				5.0	6.0	7.0	7.0	8.0	9.0	9.0	10.0	10.0								

样地数值			
	1. 样带长:50m 宽:5.67m 面积:283.5m^2		
	2. 调查林木:	总计:46 株	其中:主测木 17 株, 左邻木 14 株, 右邻木 15 株。
			其中:含不良木 1 株
	3. 伐后因子:	树种组成:10 油 优势树种: 平均胸径:12.1cm 平均树高:7.0 m	
		样木株数:32 株, 样木蓄积:1.5355m^3 样地林分 C 值:9.0	
		主测木蓄积:1.0336m^3 左邻木蓄积:0.6129m^3 右邻木蓄积:0.3908 m^3	
	4. 样地内:	采伐木株数:11 株, 保留应伐木:2 株 标准 C 值木 15 株	

调查人员:武耀成、程栓金、刘飞 调查日期:2008 年 10 月

附表 48 抚育采伐小班样地质量评分标准表

林场：

检查项目	标准分	设计及规定要求指标	核查方法及评分标准	评分
合计	100 分			
（一）质量管理	30 分			
资源消耗限额	10 分	误差≤±5%	每超过允许指标±1%扣 2 分	
抚育采伐项目资料	10 分	齐全	齐全得 5 分，入档规范的 5 分	
伐区木材销售管理	10 分	误差≤±3%	每超过允许指标±1%扣 2 分，管理规范的 4 分	
（二）林地质量	50 分			
保留木优良率	10 分	具体设计	达到设计指标得满分，每下降 1%扣 1 分，每提高 1%奖 1 分	
保留木均匀度	10 分	具体设计	达到设计指标得满分，每下降 1%扣 1 分，每提高 1%奖 1 分	
保留木适宜度	10 分	95%	达到要求得满分，每下降 1%扣 1 分，每提高 1%奖 1 分	
伐区面积作业率	10 分	100%	要求全面积作业，每下降每下降 2%扣 1 分	
不合格伐根数	10 分	<5 个	每条线路允许 5 个伐根，每多出一个扣 2 分	
（三）资源利用	10 分			
伐区成品丢件	5 分	无	不允许有丢件，如有不得分	
伐区可利用丢件	5 分	1 件	每条线路允许有 1 件，每百亩 3 件，每超出 1 件扣 2 分	
（四）林地保护	10 分			
伐区卫生	5 分	达标	伐区作业时的生活、建筑、机械垃圾科学处理，未处理不得分	
伐区封育措施	5 分	有措施有标志	伐区确定管护员，建立封禁牛羊宣传牌，并标明封禁时期。未建立宣传牌不得分	

参考文献

1. 林业部调查规划院．森林调查手册．1980
2. 东北林学院．森林生态学．1981
3. 北京林学院．森林经理学．1983
4. 北京林学院．森林生理学．1981
5. 国家林业局．森林采伐作业规程．（LY/T1626－2005）
6. 国家林业局．森林抚育规程．（GTB/T15781－1995）